上海市
畜禽遗传资源志

《上海市畜禽遗传资源志》编写组　编著

上海科学技术出版社

图书在版编目（CIP）数据

上海市畜禽遗传资源志 / 《上海市畜禽遗传资源志》
编写组编著. -- 上海 ： 上海科学技术出版社，2024.
12. -- ISBN 978-7-5478-6856-0

Ⅰ. S813.9

中国国家版本馆CIP数据核字第2024HX4001号

上海市畜禽遗传资源志

《上海市畜禽遗传资源志》编写组　编著

上海世纪出版（集团）有限公司
上海科学技术出版社　出版、发行
（上海市闵行区号景路 159 弄 A 座 9F-10F）
邮政编码 201101　　www.sstp.cn
上海雅昌艺术印刷有限公司印刷
开本 787 × 1092　1/16　印张 16.25
字数 300 千字
2024 年 12 月第 1 版　2024 年 12 月第 1 次印刷
ISBN 978-7-5478-6856-0/S・286
定价：150.00 元

本书如有缺页、错装或坏损等严重质量问题，请向工厂联系调换

《上海市畜禽遗传资源志》编委会

主　任

陆峥嵘　王国忠

副主任

李　荧　张建庭　黄士新　沈富林

委　员

李建刚　丁志远　章伟建　谈永松　陈昕来

王树人　朱　卫　薛循革　周　伟　翟　欣

杨　文　涂继美　徐新波　周跃东　俞　虹

《上海市畜禽遗传资源志》编写组

主 编

章伟建

副主编

陆雪林　张文刚　祁　兵　周　瑾

编写人员

章伟建	沈富林	陆雪林	张文刚	祁　兵	周　瑾	刘　炜	邢　磊	齐丽娜
吴昊旻	李先玉	薛　云	刘　珂	顾　欣	谈永松	张似青	袁耀明	张德福
张　江	杨长锁	孟　和	姚俊峰	王国明	谢丽玲	董长军	秦　杰	成建忠
罗　峰	朱　勇	王振国	杨婷宇	刘学武	倪胜男	凡中坤	胡　杰	朱保军
陈彦森	孟宪辉	沈　强	吴文辉	卫龙兴	王军亮	朱永军	杨凯旋	牛　清
袁红艳	张春华	徐志刚	金伟丰	石秋平	苏衍菁	张瑞华	杨志强	祖智富
张琴妹	马长彬	张　强	叶承荣	郑国卫	孔广欢	张　浩	马永明	汪华军
傅纪明	储小鸥	李步社	张和军	卫金良	唐赛涌	甘叶青	卞　益	朱校俊
姜琴芳	方永飞	刘康明	杨建国	卢春光	李守富	刘宇慧	宋　欣	孙　杰
陆勤连	侯浩宾	孙伟强	李　闽	雷胜辉	黄　可	虞志岐	孙　清	程　群
王曲直	庄明省	高全新	陈备娟					

前　言

畜禽种业是畜牧业发展的"芯片"。畜禽遗传资源是畜禽种业振兴的根基，是生物多样性和农业种质资源的重要组成部分，也是培育畜禽新品种不可或缺的原始素材，对促进畜牧业可持续发展和满足人类食物多元化需求具有重大的战略意义。

我国政府高度重视畜禽遗传资源的保护和利用，除陆续出台了一系列法律法规和政策性文件以外，还分别于 1979—1983 年和 2006—2009 年先后开展了两次全国性畜禽品种资源调查，基本摸清了我国畜禽遗传资源的现状和家底。为了动态掌握畜禽遗传资源状况，2021 年国家启动了第三次全国畜禽遗传资源普查工作，要求利用 3 年时间，摸清畜禽遗传资源的群体数量，科学评估其特征特性和生产性能的变化情况，发掘、鉴定一批新资源，保护好珍贵稀有濒危资源，实现应收尽收、应保尽保。截至 2023 年底，普查工作如期全面完成。

上海市农业农村委员会按照第三次全国畜禽遗传资源普查工作办公室的工作要求，专门成立了上海市农业种质资源普查工作领导小组及办公室，在上海市畜牧技术推广中心设立了上海市畜禽遗传资源普查工作办公室，成立了上海市畜禽遗传资源普查技术专家组，并制定了上海市畜禽遗传资源普查实施方案和普查技术路线图。在区农业农村委员会、光明食品（集团）有限公司、区动物疫病预防控制中心及乡镇畜牧兽医站或农业服务中心等机构和村级防疫员的共同努力下，利用 3 年时间，基本摸清了本市畜禽遗传资源的群体数量及分布、特征特性和生产性能的变化情况，对上海水牛这一濒危资源开展了抢救性保护，实现了应查尽查、应收尽收、应保尽保。截至 2023 年底，经过对本市 17 个区域 227 个乡镇（街道）6 235 个行政村（社区）入村入户"点对点""面对面"的全面普查和系统调查，共发现 36 个品种。其中，畜禽遗传资源 10 个畜（禽）种、33 个品种，蜂资源 3 个品种。群体数量：276 503〔其中，集中饲养数量：275 874 头（只），散养饲养数量：514 头（只）；转地放蜂数量：60 箱，定地饲养数量：55 箱〕；能繁母畜：49 035 头（只），种公畜：1 659 头（只）。目前，上海市饲养的主要畜禽地方品种有梅山猪、浦东白猪、沙乌头猪、枫泾猪、上海水牛、湖羊、长江三角洲白山羊（崇明白山羊）和浦东鸡，以及从国内引入的湘东黑山羊和石岐鸽；培育品种主要有上海白猪、香雪白猪、中国荷斯坦牛、新浦东鸡、新杨褐壳蛋鸡、新杨白壳蛋鸡、新杨绿壳蛋鸡、新杨黑羽蛋鸡和申鸿七彩雉及双阳梅花鹿和云上黑山羊；引入品种主要有大白猪、长白猪、杜洛克猪、荷斯坦牛、娟姗牛、南德文牛、欧洲肉鸽、卡奴鸽、新西兰白兔、日本大耳白兔、努比亚黑山羊和美国七彩山鸡。蜂主要饲养的品种有华南中蜂、意大利蜂和熊蜂。

《上海市畜禽遗传资源志》主要对上海市第三次畜禽遗传资源普查工作和上海市畜禽遗传资源状况进行了简要的回顾与总结，对每个品种的产地与分布、形成与发展、体型外貌、生产性能、饲养管理、品种保护、评价和利用等进行了详细描述，并配备了相应的图片资料，便于大家进一步了解和认识这些品种。

在上海市农业农村委的领导和支持下，编写组在编写委员会的指导下，经过反复调研、修改、讨论、核稿，并在市农业农村委种业管理处的关心下，于 2024 年 8 月 30 日组织召开了专家审定会，对《上海市畜禽遗传资源志》的文字、图片、格式、排版等进行了全面校核，并于 2024 年 9 月 15 日前完成了出版稿的终审。

在此，对所有参与本市第三次畜禽遗传资源普查的全体同仁表示由衷的敬意和感谢！正是由于大家一丝不苟、求真务实的敬业精神，才保证了本市畜禽遗传资源全面普查和系统调查的顺利完成，才保证了《上海市畜禽遗传资源志》资料的完整性和准确性。同时，在本书的编写过程中，市农业农村委种业管理处给予了极大的支持和指导；上海市畜牧技术推广中心、上海市农业科学院畜牧兽医研究所、上海交通大学、上海农林职业技术学院、各区农业农村委员会、光明食品（集团）有限公司、各区动物疫病预防控制中心（畜牧技术推广机构）及乡镇农业技术服务中心（畜牧兽医站）等行业相关部门及各畜禽资源的保护单位和养殖单位对资源的普查和本书的编写提供了很大的支持和帮助，有的还多次派出专家和工作人员参与现场核查和资源核实。在此，一并致谢。

本书的全体编写人员胸怀强烈的责任感和使命感，面对本市畜禽遗传资源所面临的各种情况，多次奔赴现场核实信息、拍摄照片、测定数据等，对本书的内容修改和完善倾注了大量的心血，力求本书尽善尽美，力争编纂出一部无愧于时代、无愧于同行的著作。但是，由于时间紧、内容多，加之专业水平和资料条件所限，特别是受"新冠"疫情和非洲猪瘟的影响，给资源的普查和资料的收集带来了前所未有的困难。书中疏漏之处在所难免，敬请读者不吝指正和赐教。

《上海市畜禽遗传资源志》编写组

2024 年 10 月

目 录

总 论

各 论

总论

上海地理位置及概况

上海市地处东经 120° 52′ ~ 122° 12′、北纬 30° 40′ ~ 31° 53′ 之间，位于太平洋西岸、亚洲大陆东沿、中国南北海岸中心点、长江和黄浦江入海汇合处，北接长江，东濒东海，南临杭州湾，西接江苏省和浙江省。黄浦江流贯全市。上海市总面积 6 340.5 km²，辖 16 个区。2022 年末，上海市常住人口为 2 475.89 万人。

上海是中国特大型城市之一，也是国际重要都市。在历史发展中，上海以港兴商，以商兴市，至唐、宋逐渐成为繁荣的港口。曾有"衣被天下""江海之通津，东南之都会"之称。境内地势低平，土壤肥沃，气候温暖、湿润，湖荡水面宽阔，江河纵横，黄浦江及其支流——吴淞江（苏州河）流贯全市，向北在吴淞口纳入长江。上海优越的自然地理环境为农业生产提供了十分有利的条件，粮食、蔬菜、瓜果等种植业历来发达，农副产品丰富，也使上海地区畜禽品种的繁衍具备了良好的物质基础。到了 20 世纪初，上海作为世界级的大城市，城市的形成和发展，发达的商业和交通，不仅带来了对畜禽产品消费数量和质量的需求，促进了畜牧业生产性质及方式的变化，也使得外来畜禽品种大量引入和畜禽血缘混杂，丰富了畜禽品种。

在近、现代发展中，上海畜牧业在稳定市场供给、丰富市民菜篮子、保障食品安全等方面发挥了基础性作用。随着经济社会和城市现代化建设的发展，上海一二三产业结构发生变化，上海农业在整个经济发展中所占比重逐渐降低。2022 年上海市实现地区生产总值（GDP）44 652.80 亿元，实现农业总产值 265.93 亿元、占 0.5%，畜牧业所占农业的比重不断下降，在农业总产值中畜牧业为 45.11 亿元、占 16.5%。畜牧生产伴随城市化建设步伐逐渐萎缩，畜禽品种、存栏量等构成也发生很大变化，畜牧业饲养方式也在向集约化、规模化生产发展。目前，上海的畜牧业主要分布在松江区、嘉定区、奉贤区、崇明区、金山区和浦东新区及域外的上海农场内。

历史沿革

上海城市历史悠久，松江、青浦、金山等成陆有五六千年，畜牧业生产源远流长。根据马桥遗址和 20 世纪 60 年代发掘的青浦崧泽遗址考证，上海的畜牧业起源至少可以追溯到 4 000 年前。在历史的变迁中，上海农村的畜牧业生产也逐步发展起来。明正德七年（1512 年）编纂的《松江府志》记载："牛有黄牛皆可以耕而水牛为胜；羊土生者为杜羊最美，淮羊次之，北羊又次之；猪土生者美，谓之圈猪；鸡出东乡者肥美，嘴足俱黄色，其白毛乌骨者尤其堪入药；鹅俗贵白色；鸭贵乌嘴而白毛者。"清康熙十二年（1673 年）编纂的《嘉定县志》中也有"艾祁羊出邑之艾祁，生有四耳，视常羊为小，不膻而甘肥"和"三黄鸡出大场，喙距皮皆一色，大至九觔，故又有呼九斤黄，其他鸡色亦皆黄，味极肥嫩"的记载。以上记载说明，当时畜牧业已在农业经济中占有一定的地位，并对畜禽品种的优劣、性能已有独特的见解，对畜禽的用途也有较明确的认识。

同时，在长期生产实践中，对饲养管理和畜种综合利用也摸索出一套颇有生产价值的经验，其中有些见解一直沿用到今天。例如：明末清初的科学家徐光启是上海邑人，曾奋力于农业科学的研究，他编著的《农政全书》，从种植业到养殖业，从选育良种到栽培管理，总结推广了一系列先进的农业技术。在羊的饲养管理上，他提倡："牧养须已出未入，不使食沾露之草，则无耗，羊一群，择其肥而大者而立之主：一出一入，使之倡先。或圈于鱼塘之岸，草粪则每早扫于塘中，以饲草鱼；而羊之粪，又可饲鲢鱼，一举三得。"养猪则提倡："猪多，总设一大圈，细分为小圈，每小圈止容一猪，使不得闹转，则易长也。"

19 世纪中叶，上海地区逐渐成为对外贸易的重要口岸。伴随着早期外国资本和商业的兴起，他们在掠夺中国廉价劳动力和广大市场的同时，也带来了一些先进的畜产品加工技术和优良的畜禽品种，对改良上海地方畜禽品种起了一定的作用，客观上促进了上海农村畜禽品种的改良和畜牧业的发展，至今在上海黑白花乳牛、上海白猪等品种上，仍留下那个历史时期的烙印。据《宝山县续志》记载："邑境农家副产，以牛、羊、豕、鸡、鸭为多，大抵养牛以耕田戽水为目的，养羊、豕以肥料为目的，养鸡、鸭以产卵佐餐为目的，但得谓之家畜，非真从事于畜牧也。畜牧者，以山场荒地为宜，以牲畜之所产为营业，邑中虽乏相当地段而风气所开，亦渐有设立场厂，专营畜牧之利者，兹汇述如下。光绪十年（1884 年），有陈森记者，在股行开设牧场，畜乳牛约二十头，专取牛乳，销售于淞口各国兵舰，每日出乳三十余磅……江湾南境，多侨居外人，日必需此，销售不仅在兵舰一方，营业渐见发达矣。光绪二十九年，有粤人在江湾芦泾浦旁创设畜植公司，集股万余元，圈地三十余亩，专养鸡鸭，兼种棉花蔬菜。民国五年，有闽人何拯华者，在彭浦金二图内创设江南养鸡场及新式鸡舍百余间，余如牛棚役室等，设备颇周，畜鸡一万余头，洋种居多，平均统计，每鸡终岁产卵一百六十枚。"到 20 世纪 20 年代，大规模饲养发展更盛。据《宝山县续志》记载，有专行养鸭者，年约数万，供沪上各菜馆之用，此外还有饲养白色单冠来克亨鸡五千只的鸡场和年产蛋万余枚的鸡场，其他规模的鸡场四五家。可见，上海农村的畜牧业已开始依附城市，孕育着集约化生产的萌芽。

但是，在很长一段历史时期内，上海的地方品种资源得不到重视和保护。祖先遗留下来的一些古老品种，很少有系统开发和利用，传统的、自给自足的小农经济和一家一户庭园式的饲养方式占主导地位，因而无法进行有计划的选育和提高，更无新品种的问世。据回忆，至新中国成立前，虽有乳牛（荷兰牛、娟姗、更姗、爱尔夏）、猪（汉普夏、约克夏、泰姆华斯、杜洛克）、兔（安哥拉、日本大耳兔、力克斯等）、鸡（来克亨、奥品顿、澳洲黑、洛岛红等）、狗（猎犬、警犬、哈巴狗等）、火鸡等，但因血缘混杂，形成了群体不大的杂交群。

新中国成立后，各级政府十分重视畜牧业生产和畜禽品种的研究和推广工作。1949 年，全市畜牧业产值仅 4 800 万元。猪饲养量 46.46 万头，上市量 17.36 万头。水牛、黄牛、奶牛、山羊、绵羊、兔、家禽年末存栏数分别为 3.50 万、11.29 万、0.49 万、15.00 万、80.4 万、7.12 万、205.10 万头（只）。1952 年，华东农林部在斜土路设立上海市兽医院；1953 年，上海市政府郊区办事处农事室在浦东六号桥建立良种公牛（猪）配种站；1955 年，在朱行路建立地方国营上海种畜场；1956 年，上海市农业局在斜土路设立上海市畜牧兽医试验站；1959 年，成立上海市农业科学院畜牧兽医研究所；1962 年，成立上海市畜牧兽医站（2006 年更名为上海市动物疫病预防控制中心，2007 年增挂上海市兽药饲料检测所，2013 年增挂上海市畜牧技术推广中心）。至 20 世纪 70 年代，各县全部设置畜牧（水产）局、畜牧兽医站。这些机构在领导和组织畜牧业生产、加强本品种选育提高、杂交改良和培育新品种等方面进行了大量的科学研究和技术推广工作。

为加快上海市的畜牧业发展，从国外和外省（市）先后引进了相当数量的畜禽品种。20 世纪 50 年代引进了苏联大白猪、克米洛夫猪、巴克夏猪、东北的哈白猪、江苏的淮猪、四川的荣昌猪、苏联的雅罗斯拉夫牛和科斯特罗姆牛、日本的鹌鹑。60 年代引进了白洛克鸡、青紫蓝兔、瑞士兔、公羊兔、巨型兔、新西兰兔、丹麦的长白猪、英国的约克夏猪、考力代羊。70 年代引进了美国的杜洛克猪、荷兰的海布罗鸡、加拿大的星布罗鸡、日本的来航鸡 S200、美国的金慧星鸡、荷兰的咔叽 – 康贝尔鸭、西德长毛兔、日本长毛兔，还有从丹麦引进的肉用大王鸽。80 年代初引进的有美国的汉普夏猪、英国的罗斯蛋鸡和肉鸡、加拿大的星宝肉鸡。90 年代引进罗曼蛋鸡、白耳鸡、仙居鸡等。21 世纪后又引进了荷斯坦牛、南德文牛、娟姗牛、日本大耳白兔、欧洲肉鸽、卡奴鸽等。

这些众多的畜禽品种在长期的生产过程中，有的因生产性能较差而逐渐被淘汰，如雅罗斯拉夫牛、科斯特罗姆牛、荣昌猪等；有的因不适应本市的自然地理条件和市场要求而渐渐消失了，如淮猪、巴克夏猪、考力代羊等；有的则被当地的自然环境驯化，在品种改良和生产上发挥了作用。例如，苏联大白猪、约克夏猪与梅山猪、枫泾猪等猪种杂交，一代杂种都有 10% ~ 20% 的杂种优势，生长迅速，缩短了肉猪的肥育期，加快了肉猪的出栏率；杜洛克猪、汉普夏猪、长白猪与梅山猪杂交，一代杂种的瘦肉率都有不同程度的提高，据资料统计，在相同的饲养、饲料条件下，可提高 5% ~ 10%。肉用鸡品种的引进，使本市的养禽业得以迅速发展。

但是，对从外地（或国外）引入的品种，由于一度缺乏完善的引种计划和技术指导，曾出现过地方猪种血缘混杂、生产性能下降、危及地方品种保存的现象。为挽救和保存优良的地方品种，1958 年起各县陆续建立县种畜场，到 1980 年，已先后建成市级种畜（禽）场 3 个、县级场 15 个，基本形成四级良种畜禽繁育体系。为加强育种工作的领导和提高育种技术，于 1963 年由上海市农业科学院畜牧兽医研究所、上海县、宝山县组成上海白猪育种协作组。1975 年 8 月于金山县协商成立苏、浙、沪二省一市太湖猪育种协作组。嘉定、金山、松江、崇明、青浦 5 县同时协商成立上海市太湖猪育种协作组。1979 年 7 月由上海市农业局牵头，成立二省一市太湖猪育种委员会，同时成立上海市太湖猪育种委员会。1975 年，在上海县华漕设立上海白猪肥育测定站。1986 年，上海市畜牧兽医站建立种猪测定场。1971 年，上海市农业局成立了上海市肉鸡育种协作组。1979 年 7 月，苏、浙、沪协商成立二省一市湖羊育种委员会，上海也相应成立湖羊育种委员会。1965年设立上海市种公牛站。1993年成立上海奶牛育种中心，原上海种公牛站并入该中心。为加强行业协作管理，1984年成立上海市奶牛协会；1989年成立上海市家禽业协会，同年成立上海市养殖协会；2002年成立上海生猪行业协会；2003年成立上海市肉鸽行业协会，同年成立上海市特种养殖业行业协会。这一系列畜牧行业单位的建立，为上海畜牧生产发展和在不同时期承担起任务，发挥着组织保障作用。

畜禽品种概况是指导规划行业发展的基础，历来受到政府重视。1959年，在市农村工作委员会的领导下，上海市农业科学研究所组织力量对本市畜禽品种进行了第一次调查，通过这次调查，了解到本市有地方畜禽品种共11个，其中猪5个、牛4个、鸡2个，对品种优劣做了客观的评价和提出了改良的意见，并编写出版了《上海市家畜家禽品种资源调查》一书，为后来的上海白猪、新浦东鸡等培育和其他畜种的改良提供了科学依据。在农林部和中国农业科学院的领导下，在1978年重点调查梅山猪、枫泾猪、上海白猪的基础上，于1979年开展了畜禽品种资源的全面调查，摸清了本市畜禽品种资源的家底，掌握了它们的形成、现状、特征和特性等第一手材料，并做出了客观的评价和展望，根据调查成果编写了《上海市畜禽品种志》和《上海市畜禽品种图谱》。2006年农业部组织全国各省（自治区、直辖市）畜牧兽医部门、技术推广机构、科研院校及有关专家，启动了"全国畜禽遗传资源调查"（第二次资源调查）。本市畜牧部门和相关单位参加了此次调查工作。经过两年多的艰苦努力，基本摸清了本市畜禽遗传资源的家底，调查的品种收入"中国畜禽遗传资源志"相应分册。

进入新时期，国家越发重视种业发展，2021年中央一号文件提出"打好种业翻身仗"的战略任务，为加快摸清种质资源基本情况、提升种业自主创新能力、打好种业翻身仗奠定种质基础，2021年全国启动第三次农业种质资源普查工作。上海市农业农村委员会成立农业种质资源普查工作领导小组，由市畜牧技术推广中心设立畜禽遗传资源普查工作办公室，负责畜禽普查工作的推进落实、技术支持和服务；各区农业农村委成立相应领导小组，开展工作任务和加强普查力度；此外，本市还组建了技术专家组，按品种进行专业化指导，确保高质量开展畜禽遗传资源普查和评估测定，对一些濒危品种开展抢救性收集保存。经过3年时间，基本摸清本市畜禽遗传资源的群体数量及分布，上海地区现有畜禽和蜂资源 11 种、36 个品种及配套系。其中，传统畜禽 8 种，共 30 个品种及配套系；特种畜禽 2 种，共 3 个品种及配套系；蜂 3 个品种。通过科学评估其特征特性和生产性能的变化情况，对发掘的新资源初步鉴定，实现珍贵稀有濒危资源应收尽收、应保尽保。

畜禽遗传资源的形成、特征与分布

自然地理条件和特定的社会环境是畜禽遗传资源形成的基本因素。上海地区有着优越的自然条件和丰富的农业资源，长期以来，历代劳动人民利用这种条件，发掘、改良和培育出许多宝贵的畜禽遗传资源，如梅山猪、枫泾猪、浦东鸡等，以满足人们的需要。由于社会的进步和发展，市民构成和消费对象的变化，使有些畜禽品种兴起了，如对外开放，引进黑白花奶牛，促进了乳牛业的发展；有些品种渐趋没落或淘汰，如机械化耕作代替了役牛的劳动，使塘脚牛消失，上海水牛濒临灭绝。归纳起来，上海的畜禽品种大致可分为地方品种、培育品种和引入品种三大类。

地方畜禽品种是指在特定地域、自然经济条件和社会文化背景下，经历长期非计划育种所形成的畜禽品种，是宝贵的自然财富，也是畜牧业发展的基石。在漫长的农耕社会里，农村经济长期处于自给自足的状态，交通不发达，流通范围狭小，广大劳动人民除从事农业种植外，还养殖猪、羊和鸡，以解决生活之需和增加肥料。长期以来，他们按照体大、多产的要求对畜禽进行选择，如梅山猪、枫泾猪，产区农民历来注意选择奶头数多的母猪作种，并习惯在高产猪的后代中再留种继代，把繁殖率高这一性状逐代稳定。因此，上海的地方品种通常具有体大、早熟、繁殖率高、肉质鲜美、生长速度缓慢的特点。

历史上，地处长江口三角洲的上海，在自西向东冲积成陆过程中延伸的滩涂上，吸引着内地移民前来围垦。也由于战争，使居民大批流动，如南宋时期，北方居民大量南移，也使北方的某些畜禽品种跟随南移，从而改变和改进了上海地区畜禽品种的结构和品质，如湖羊（原称胡羊），它的祖先是北方的蒙古羊，南移以后，长期在江南的自然条件下，经圈养和选育而成的一个优良品种；再如塘脚牛，在外来牛的影响下，使其具有体大、脚硬、力大的优点。上海开埠以来，随着通商外籍人员大量涌入，为适应新的饮食口味，带来一些当时较为优良的畜禽品种，如荷兰牛、杜洛克猪、汉普夏猪、约克夏猪、来航鸡等。这些品种与地方品种杂交，形成了一批有别于原来地方品种的杂交种，如川沙的杂种乳牛、咸汤猪、花腰股猪等。到了近代，为了适应畜牧业生产发展和商品化生产的需要，培育成了具有瘦肉率高的上海白猪和早期生长速度快、肉质鲜美的新浦东鸡，以及产奶量高、适应性强的上海黑白花乳牛等新品种。

此外，畜牧从业者还主动引进了一批国外的优良畜禽品种，如苏联大白猪、丹麦的长白猪（兰德瑞斯）、美国的杜洛克和汉普夏猪、西德长毛兔、加拿大的星布罗肉鸡、英国的罗斯褐壳蛋鸡、朝鲜鹌鹑、丹麦王鸽和美国七彩山鸡等，丰富了上海的畜禽品种资源。

目前，上海市饲养的主要畜禽地方品种有梅山猪、浦东白猪、沙乌头猪、枫泾猪、上海水牛、湖羊、长江三角洲白山羊（崇明白山羊）和浦东鸡，以及湘东黑山羊和石岐鸽。培育品种主要有上海白猪、香雪白猪、中国荷斯坦牛、新浦东鸡、新杨褐壳蛋鸡、新杨黑羽蛋鸡、新杨白壳蛋鸡、新杨绿壳蛋鸡和申鸿七彩雉，以及双阳梅花鹿、云上黑山羊。引入品种主要有大白猪、长白猪、杜洛克猪、荷斯坦牛、娟姗牛、南德文牛、欧洲肉鸽、卡奴鸽、新西兰白兔、日本大耳白兔、努比亚黑山羊和美国七彩山鸡。蜂主要饲养的品种有华南中蜂、意大利蜂和熊蜂。

上海本地的生猪良种品种，如梅山猪、枫泾猪、沙乌头猪、浦东白猪等，经过长期的饲养选择，具有产仔数高、耐粗饲、抗病力强、肉质鲜美等优点，同时也存在生长周期长、脂肪含量高等劣势。上海作为中国较早开放商埠之地，较早引进长白猪、大白猪、巴克夏猪、杜洛克猪等国外优质品种，这些猪种瘦肉率高、养殖周期短，为提高生猪瘦肉率和生产效率，上海市畜牧技术人员开展一系列育种技术探索研究，于 20 世纪 70 年代育成农系、上系、宝系 3 个品系的上海白猪。20 世纪 80 年代以引进的种猪与上海地方品种猪进行两元、多元杂交，生产杜上、杜长上、杜枫、杜沙等瘦肉型商品猪，胴体瘦肉率最高达 55% 以上，以满足市民和市场需求。目前，梅山猪分布在嘉定区，枫泾猪分布在金山区，沙乌头猪分布在崇明区，浦东白猪（国内少见的全白色的地方猪种）主要分布在浦东新区。引入品种：大白猪具有鲜明的母系种猪特点，主要分布在浦东新区、崇明区、金山区和松江区及光明集团域外的上海农场等；长白猪具有窝产仔数多、泌乳力强、耐热能力强等特性，主要分布在浦东新区和崇明区；杜洛克猪具有生长速度快、瘦肉率高、胴体品质好、饲料报酬高等特性，主要分布在浦东新区。上海白猪是培育品种，瘦肉率较高，主要分布在奉贤区上海市农业科学院畜牧试验场。近年来，利用产学研相结合模式，上海交通大学联合上海浦汇良种繁育科技有限公司、上海祥欣畜禽有限公司、浙江青莲食品股份有限公司，历经18年攻关，采用现代遗传育种技术培育出"香雪白猪配套系"。

家禽养殖方面，饲养家禽原先作为农家传统副业，主要用于自食，新中国成立初期，上海市郊养鸡主要是农户自养，20世纪50年代开始出现生产队办集体鸭场、鸡场，鸡品种有浦东鸡、芦花鸡、狼山鸡、萧山鸡、乌骨鸡等，蛋肉兼用。原产上海浦东地区的浦东鸡又称"九斤黄"，肉嫩，脂黄，肉质鲜美，个体大，公、母鸡分别可达4~5kg、3~4kg，在国际上享有盛誉，主要分布在浦东新区。但是，浦东鸡饲养周期长，为提高产蛋率、改善肉、蛋鸡品质，先后引进白洛克、迪高等黄鸡品种和安卡红系列，并应用纯种浦东鸡与白洛克、红考尼什杂交育成新浦东鸡。引进狄高鸭和瘦肉型樱桃谷鸭，并育成芙蓉鸭。

新浦东鸡是以浦东鸡为素材选育而成，属肉用型培育品种，既保留了浦东鸡体大、黄羽、黄脚、肉质好的特点，又克服了浦东鸡早期生长慢、长羽慢等缺点，产蛋性能也有所提高，主要分布在奉贤区上海市农业科学院畜牧试验场。新杨褐壳蛋鸡配套系、新杨白壳蛋鸡配套系、新杨绿壳蛋鸡配套系和新杨黑羽蛋鸡配套系均分布在奉贤区。新杨蛋鸡配套系是上海家禽育种有限公司自主选育，其中新杨褐壳蛋鸡是上海家禽育种有限公司利用引进的纯系蛋鸡素材自主选育的褐壳蛋鸡配套系，2000年通过国家畜禽遗传资源委员会审定，A系和B系都来源于洛岛红，C系和D系都来源于洛岛白。商品代外貌特征：身体较长，呈长而方的砖形，体质健壮，性情温顺，红羽（部分尾羽为白色），单冠，黄皮肤，蛋壳颜色为褐色。新杨白壳蛋鸡是上海家禽育种有限公司利用引进的纯系蛋鸡素材自主选育的白壳蛋鸡配套系，2010年通过国家畜禽遗传资源委员会审定，新杨白壳蛋鸡主要用于生物制品用胚胎蛋生产。其配套系采用三系配套模式，祖代父系为白羽、快羽型；母系父本为白壳慢羽，母本为白壳快羽，属于轻型蛋用鸡。父母代经翻肛鉴别、商品代经羽速鉴别皆可区分雌雄。新杨绿壳蛋鸡是上海家禽育种有限公司利用引进的纯系蛋鸡素材自主选育的绿壳蛋鸡配套系，2010年通过国家畜禽遗传资源委员会审定。新杨绿壳蛋鸡配套系采用三系配套，祖代父系为黑麻或黄麻羽，快羽型，产绿壳蛋；母系父本为白壳慢羽，母系母本为白壳快羽，属于轻型蛋用鸡。商品代蛋鸡的主要外貌特征为羽毛颜色灰白色带有黑斑，初生雏可利用快慢羽进行自别雌雄，蛋壳颜色为绿色，绿壳蛋率达97%以上。新杨黑羽蛋鸡是由上海家禽育种有限公司和国家家禽工程技术研究中心合作培育的生产仿土鸡蛋的高产蛋鸡品种，以上海家禽育种有限公司的蛋鸡品种资源与从国外引进的高产蛋鸡品系为育种素材，运用配套系育种技术培育成的高效粉壳蛋鸡新配套系。

湖羊是我国著名的白色羔皮用羊，祖先为蒙古羊，迁入太湖地区的历史最早可追溯至东晋，距今已1 600多年。主要分布于我国太湖地区，由于受到太湖的自然条件和人为选择的影响，逐渐育成的一个独特稀有品种。湖羊具有早熟、四季发情、多胎多羔、繁殖力强、泌乳性能好、生长发育快、产肉性能理想、肉质好、耐高温高湿等优良性状，主要分布在嘉定区。长江三角洲白山羊（崇明白山羊）是在崇明地区特定水土条件下孕育而成的地方特有良种。由于该品种山羊畏寒，对水源清洁度和温度条件要求格外严格。长江三角洲得天独厚的自然条件为当地白山羊提供了良好的温度、湿度、水源和饲料来源。崇明白山羊当年公羔颈部和鬐甲部产的长而粗的领鬃毛，挺直、有锋、富有弹性，是制作湖笔、油画笔及精密仪器刷子的优质原料，其中以三类毛中的细光锋最为名贵，畅销国内外市场。崇明白山羊主要分布在崇明区的三星镇、庙镇、新河镇、港沿镇、向化镇、中兴镇等地。湘东黑山羊原产于湖南省浏阳市，于2021年4月从浏阳市引入本市，具有生长发育快、产肉性能和皮板品质好等特性；云上黑山羊为培育品种，从云南省引入，具有较强的抗病力、适应性和耐粗饲特性；努比亚黑山羊为引入品种，于2021年8月从广西南宁市引入本市，具有生长速度快、抗病能力强、耐寒、耐热、耐粗饲等特性，均分布在松江区。

上海水牛是在上海滨海地区的自然条件下，经劳动人民长期选育而形成的地方畜禽遗传资源。上海水牛是我国著名良种水牛之一，在我国水牛品种资源中占有重要地位，属于沼泽型水牛。体型高大，胸廓开阔，骨骼粗壮，肌肉结实，四肢强健，蹄大圆正，全身结构紧凑、匀称，表现出突出的役用和肉用生产潜力，是一种体质较好的水牛。1986年出版的《中国牛品种志》中，上海水牛被列为中国水牛的一个类群。据1982年统计，有上海水牛2.89万头。2003年，上海水牛被列入《中国畜禽遗传资源名录》。由于农业机械化程度不断提高和城市化的推进，水牛存栏数逐年下降。2016年，在《全国畜禽遗传资源保护和利用"十三五"规划》中，上海水牛被列为灭绝品种。而后经过多方共同努力，上海水牛"失而复得"。2021年上海水牛列入《国家畜禽遗传资源品种名录（2021年版）》，2022年上海水牛被列入《上海市畜禽遗传资源保护名录》。上海水牛现主要分布在崇明区的中兴镇、陈家镇及附近的崇明现代农业园区等区域。

中国荷斯坦牛为我国培育的第一个乳用型牛专用品种，由中国奶牛协会、北京市奶牛协会、上海市奶牛协会、黑龙江省奶牛协会等单位共同完成培育。1992年经农业部批准由"黑白花牛"更名为"中国荷斯坦牛"。该品种耐寒怕热，主要分布在金山、崇明和奉贤地区，其中母牛中心产区位于金山区廊下镇金山种奶牛场，一个5 000头规模的现代化集约型牧场；公牛全部在奉贤区海湾镇种公牛站。荷斯坦牛主要分布在江苏省盐城市大丰地区的上海农场内，其中母牛中心产区位于上海农场申丰奶牛场。娟姗牛为崇明鳌山奶牛场2019年从澳大利亚引入，具有抗病能力强和耐粗饲的特性，主要分布在崇明区。南德文牛为2002年上海金晖家畜遗传开发有限公司从澳大利亚引进，具有抗寒、耐热、适应性强等特征，能适应中国南北各地气候，主要分布在奉贤区。

申鸿七彩雉由上海欣灏珍禽育种有限公司、中国农业科学院特产研究所和上海市动物疫病预防控制中心等5家单位共同培育，于2019年通过国家畜禽遗传资源委员会审定，是我国雉鸡行业第一个人工培育的雉鸡品种，填补了我国在雉鸡行业没有国家审定品种的空白。该品种属肉蛋兼用型雉鸡品种，具有体重较大、体型丰满、屠宰率和全净膛率高、肉质优、产蛋多、蛋品质好、主要生产性状遗传稳定性好等优点。申鸿七彩雉驯化程度高，适应性强，笼养、舍内平养和散养均适宜，目前和美国七彩山鸡均分布在奉贤区。

新西兰白兔具有早期生长快、骨细肉多、内脏小、产肉能力高且肉质松嫩可口、毛质皮板良好、泌乳性能好、母性强、仔兔成活率高等特性；日本大耳白兔具有生长快、繁殖力强、适应性好、耐粗饲、皮质优、肉质佳等特性，均分布在奉贤区。

石岐鸽具有适应性广、耐粗饲、性情温顺、抗病能力较高、繁殖能力强、品质优良等特点，分布在崇明区；卡奴鸽具有适应性较强、喜清洁的特性，分布在嘉定区；欧洲肉鸽具有生产性能好、适应力较强等特性，主要分布在金山区。

双阳梅花鹿分布在崇明区。

华南中蜂和意大利蜂分布在闵行区和青浦区，熊蜂分布在青浦区。

畜禽遗传资源的利用和展望

上海的畜禽遗传资源丰富，门类齐全，除猪、牛、羊、鸡、肉鸽、兔等传统畜禽外，还有雉鸡、梅花鹿等特种畜禽及蜜蜂等。有些畜禽品种的生产性能在国内居领先地位，有些品种在国内外都享有盛誉。梅山猪、枫泾猪、沙乌头猪的繁殖性能和浦东鸡的肉质鲜美超过和达到了国际水平。丰富的品种资源是发展畜牧业生产的物质基础，通过长期的生产实践，上海已经将品种资源、技术力量及国内外市场的需要结合起来，使上海的品种资源优势转化为商品优势，从而使商品生产更具备竞争能力，这种结合和转化是上海畜牧业生产的特征。

充分利用上海的畜禽品种资源，对地方品种采取杂交利用，是较快取得经济效益的有效方法。梅山猪、枫泾猪和沙乌头猪3个地方猪种，均具有繁殖率高的优点，但存在生长速度慢、瘦肉率不高的缺点，现普遍采用与长白猪、约克夏猪或杜洛克猪等猪种杂交，既发挥了地方猪种繁殖性能好的优势，又使一代杂种提高了生长速度和瘦肉率。又如新浦东鸡，用引入肉用型鸡种杂交配套，既保持了黄羽和肉质鲜美的特性，又提高了早期生长速度。对国外引进的畜禽品种，也同样采取有力措施加以充分利用，如英国罗斯公司的罗斯蛋鸡产蛋多、蛋壳褐色、适应集约化饲养，符合市场褐壳蛋的需要，扩大生产后，在一定程度上缓解了市场供应的短缺状况。在品种资源利用方面，上海已积累了一定的经验，目前正进一步探索畜禽品种资源利用的新途径，力求最大程度地发掘品种资源的潜力，以适应市场需求。

但是，综观上海的畜禽遗传资源，也可发现潜在的危机：一些具有特色的地方品种，由于各种原因而消亡，如塘脚牛、崇明鸡等；一些富有潜力的品种，因受到市场因素的限制，没有得到应有的开发利用，品种已濒临灭绝的边缘，如全国水牛中体型最大的上海水牛及全国地方品种中唯一被毛全白的浦东白猪等，都面临同样的危机。另外，国外引进的不少畜禽品种中除确实不适应本地自然环境和生产需要而盲目引进外，还有一部分是由于缺乏有效的保种措施和正确的选育指导而逐步退化、淘汰。做好畜禽品种的保种工作，做到保种与开发利用相结合，才是发展畜牧种业的根本途径。

上海不仅是经济、文化大都市，更是现代生物科研基地，在此背景下，畜禽保种场、基因库要依托高水平院校和科研院所开展畜禽耐粗饲、抗病性强、品质优和适应性强等优良种质特性研究，开展高通量基因测序，挖掘优异性状的关键调控因子，建立基因检测参考群，深层次开发生产性能，提高地方畜禽遗传资源保护与利用水平。各级畜禽品种保种场、基因库要因地制宜地制定中长期发展规划，对于群体数量少的畜禽品种开展纯繁工作和基因的提纯复壮工作，建立集种质资源保护创新、新品种选育、纯繁改良和试验示范为一体的畜禽种质资源创新体系，加强畜禽种质资源创制与育种技术创新团队建设。

上海充分利用城市大、人口多、交通便利、贸易发达等优势，在巩固和强化现有的良种畜禽繁育体系和杂交利用体系，充分发挥猪、牛、羊、禽等专业繁育体系的作用。同时，面对国际环境，在原有的基础上，创造出更多的、富有特色的、在国际市场上有竞争能力的名特优畜产品；针对国内市场，随着人民生活水平的不断提高和食品结构的改变，对畜产品的需求也将随着改变，这就需要对畜禽品种结构做出相应的改变，以满足社会各层次的消费要求。改进育种手段，加强遗传工程的研究，提高制种技术，培育更多的专门化品种（系），加快品种种质研究的步伐，开拓品种利用的新途径，进一步利用杂种优势，广泛地开展配合力测定，不断筛选出生产性能好、经济效益高、符合市场需要的杂交配套组合，以促进畜牧业向现代化生产方向发展。

各

论

猪

① 梅山猪

一般情况

■ 品种名称及类型

梅山猪（Meishan pig），属地方品种，为肉脂型猪。

■ 原产地、中心产区及分布

梅山猪原产于长江下游太湖流域的浏河两岸，主要分布在上海市嘉定区与江苏省昆山市、太仓市等地区。依据体型大小特征，其原可分为大梅山、中梅山和小梅山三种类型。其中，大梅山猪现在已经灭绝。目前，中梅山猪主要产区在上海市嘉定区和江苏省昆山市；小梅山猪主要产区在江苏省太仓市的浏河两岸。梅山猪早期的分布其实并不广泛，主要集中在江苏、上海等地。自 20 世纪 80 年代其高繁殖力特性在国际上引起巨大反响后，梅山猪开始被广泛引种，并随后在国内外广泛分布。其保种群体目前分布在以中梅山猪保种为主的上海市嘉定区动物疫病预防控制中心（嘉定）梅山猪保种场内和江苏省昆山市种猪场（昆山），以及以小梅山猪保种为主的江苏农林职业技术学院（句容）和太仓市种猪场（太仓）。

■ 原产区自然生态条件

嘉定区位于上海西北部，其中心位置在东经 121°26′、北纬 31°39′。东与宝山、普陀两区接壤；西与江苏省昆山市毗连；南襟吴淞江，与闵行、长宁、青浦三区相望；北依浏河，与江苏省太仓市为邻。总面积 463.16 km²。全境地势平坦，东北略高，西南稍低。市、区级河道蕴藻浜、练祁河、娄塘河横卧东西，向东流经宝山区直通长江和黄浦江；盐铁塘、横沥、新槎浦（罗蕴河）纵贯南北，与吴淞江、浏河相连。

嘉定区地处北亚热带北缘，为东南季风盛行地区，雨、热同季，降水丰沛，气候暖、湿，光温适中，日照充足。年均气温 15.4℃，年均降雨量 1 077.6 mm，雨日130.2 d。

嘉定区水陆交通发达，土地肥沃，物产丰富，商业繁荣，是鱼米之乡。农作物盛产水稻、蔬菜、小麦、大豆、玉米等。

品种形成与发展

■ 品种形成及历史

从上海市马桥遗址出土的大量猪骸骨证明，上海地区早在 4 000 年前的殷商时期就有家猪饲养，至 12 世纪的宋代，太湖流域的养猪业已很发达，明嘉靖三十六年（1557 年）《嘉定县志》记载："每岁土物之贡，其中有肥猪。"说明至少在 400多年前，嘉定的梅山猪已被列为珍贵的贡品。可见那时的猪以个体大、皮厚而著称，与早期梅山猪品种、嘉定马陆型和大型梅山猪（大胳伙型）的特点十分相似。清同治年间《上海县志》中有"邑产皮厚而宽，有重二百余斤者"的记载。这种猪体大骨粗，头大皮厚，皱褶多而深。毛色有全黑、全白和黑白花几种。它是近代称之为"大花脸"猪种的祖先。梅山猪则是大花脸猪经过本地农民群众千百年的饲养选育，逐步形成近代版的优良猪种。现代版的梅山猪由民间原有的小型、大胳伙型和马陆型逐渐形成两种新的类型：细脚梅山猪和粗脚梅山猪。细脚梅山猪即小型梅山猪，粗脚梅山猪即中型梅山猪，也就是现在的嘉定梅山猪。

上海市嘉定县畜牧部门于 1962 年成立了种猪场,组织技术人员从民间搜集选择 19 头原种梅山猪为基础,有计划、有步骤地开展梅山猪育种提高工作,建立繁育体系,种猪数量不断扩大,质量也逐年提高。从 1975 年起,将全场公、母猪按 4 个不同公猪血统的后裔分别编成甲、乙、丙、丁 4 个大组,至 1982 年共有 20 头,这为梅山猪的继续选育提高奠定了良好的基础。

由于各类型猪之间的杂交和不断选育,上述各型猪的数量逐渐减少,至 20 世纪 60 年代产生了两种新的类型:粗脚梅山(中型梅山)和细脚梅山猪(小型梅山)。1979 年成立的太湖猪育种委员会确定梅山猪按体型大小分中型和小型两种。

群体数量及变化

20 世纪 90 年代,嘉定梅山猪历经嘉定种畜场转制个人承包代管,个别家系出现了血统混乱的现象。2009 年以后,由上海市嘉定区梅山猪育种中心(事业单位)进行保种,并确立了以中型梅山猪为主的保种方案。经过 20 余年的发展,梅山猪数量由初始的母猪 100 头、公猪 12 头不断发展。扩增至 2012 年,梅山猪保种群基础公猪 13 头、母猪 116 头,后备母猪 61 头、公猪 7 头;至 2015 年,进一步扩增为梅山猪保种群基础公猪 21 头、母猪 370 头,后备母猪 151 头、公猪 6 头,8 个家系;至 2020 年,梅山猪保种群基础公猪 22 头、母猪 314 头,后备母猪 97 头、公猪 2 头,8 个家系;至 2022 年,保种群数量稳定为:基础公猪 29 头、母猪 230 头,后备母猪 43 头、公猪 15 头,共 8 个家系。

据第三次全国畜禽遗传资源普查统计,全国存栏梅山猪 13 741 头,其中集中饲养 6 727 头、散养 7 014 头,目前处于危险状态。

体型外貌

体型外貌特征

四肢蹄部至膝关节 10 ~ 20 cm 处为白色,俗称"四白脚"。多有玉鼻,且嘴筒短而宽。

肤色呈紫红色，被毛黑色，头大额宽，额部褶皱多而深。耳特大，软而下垂，耳尖齐或超过嘴角，形似大蒲扇。皮较厚而粗，体质结实而匀称。公猪背腰平直，体型高大，腹平，尾根中等。母猪背平，腹大下垂、不拖地，尾根高。乳房发达，乳头粗，乳头 8 对以上。后肢肢势外展，前肢正常。

体重和体尺

2022 年，梅山猪体重和体尺由上海市嘉定区动物疫病预防控制中心梅山猪保种场测定，测定公猪 10 头、母猪 32 头，结果见表 1。

表1·体重和体尺

项 目	公	母
数量（头）	10	32
母猪胎次（胎）		3.8 ± 0.5
公猪月龄（月）	23.2 ± 6.9	
体重（kg）	164.4 ± 38.4	131.7 ± 18.7
体高（cm）	74.4 ± 4.2	66.0 ± 4.6
体长（cm）	148.8 ± 14.7	138.6 ± 9.7
胸围（cm）	125.15 ± 11.10	114.10 ± 7.50
背高（cm）	76.4 ± 4.3	67.4 ± 4.5
胸深（cm）	42.6 ± 3.2	40.3 ± 2.3
腹围（cm）	137.3 ± 14.9	143.2 ± 9.3
管围（cm）	23.6 ± 1.8	21.9 ± 1.3
活体背膘厚（mm）	24.4 ± 6.4	20.1 ± 3.4
活体眼肌面积（cm^2）	20.8 ± 3.6	20.4 ± 2.0

生产性能

■ 生长发育性能

2022 年，梅山猪生长发育性能由上海市嘉定区动物疫病预防控制中心梅山猪保种场测定，测定梅山猪公、母猪各 15 头，结果见表 2。

表 2 · 生长发育性能

项　目	数　值
数量（头）	30
初生重（kg）	1.1 ± 0.2
断奶日龄（d）	32.4 ± 1.1
断奶重（kg）	6.1 ± 1.0
75 日龄体重（保育期末）（kg）	12.0 ± 2.0
120 日龄体重（kg）	21.4 ± 5.9
达适宜上市体重日龄（d）	273.8 ± 6.7

■ 育肥性能

2022 年，梅山猪育肥性能由上海市嘉定区动物疫病预防控制中心梅山猪保种场测定，测定梅山猪阉割公猪、母猪各 15 头，结果见表 3。

表 3 · 育肥性能

项　目	数　值
数量（头）	30
育肥起测日龄（d）	165.3 ± 10.4
育肥起测体重（kg）	30.7 ± 6.6
育肥结测日龄（d）	256.3 ± 16.6
育肥结测体重（kg）	67.5 ± 9.5

（续表）

项　目	数　值
育肥期耗料量（kg）	148.1 ± 34.1
育肥期日增重（g）	400.4 ± 69.4
育肥期料重比	4.0

屠宰性能和肉品质

　　2022 年，屠宰性能和肉品质由上海市嘉定区动物疫病预防控制中心梅山猪保种场测定，测定梅山猪 20 头，其中公猪 14 头、母猪 6 头。肉色色值测定采用德国迈尔斯 OPTO–STAR 胴体肉质颜色测定仪。测定结果见表 4 和表 5。

表4 · 屠宰性能

项　目	数　值
屠宰日龄（d）	259.40 ± 18.70
宰前活重（kg）	72.00 ± 11.90
背膘厚（mm）	34.33 ± 5.67
6 ~ 7 肋处皮厚（mm）	3.56 ± 1.18
眼肌面积（cm²）	27.11 ± 4.74
皮率（%）	14.17 ± 1.87
骨率（%）	9.88 ± 1.50
肥肉率（%）	30.32 ± 3.24
瘦肉率（%）	44.65 ± 3.16
屠宰率（%）	66.15 ± 2.96
肋骨数（对）	13.40 ± 0.50

表5 · 肉品质

项　目	数　值
数量（头）	20

（续表）

项　目	数　值
肉色评分	4
肉色色值	88.35 ± 2.53
pH_1	6.30 ± 0.23
pH_{24}	5.80 ± 0.13
滴水损失（％）	2.58 ± 0.70
大理石纹	4
肌内脂肪（％）	3.17 ± 0.95
嫩度（kg·f）	2.80 ± 0.25

■ 繁殖性能

2022年，繁殖性能由上海市嘉定区动物疫病预防控制中心梅山猪保种场测定，测定了15头公猪的采精信息和50头母猪的繁殖性能。公猪性成熟日龄140～150 d，初配日龄220～250 d，体重70 kg，利用年限3年；母猪性成熟日龄100 d，初配日龄240 d，体重60～70 kg，发情周期21 d，妊娠期114.8 d，利用年限4～5年。公猪精液质量和母猪繁殖性能结果见表6和表7。

表6·精液品质

数量（头）	采精量（ml）	精子密度（亿个/ml）	精子活力（％）	精子畸形率（％）
15	145 ± 37.9	2.5 ± 0.75	72 ± 12.5	3.8 ± 0.6

表7·繁殖性能

项　目	数　值
数量（头）	50
平均胎次（胎）	5.1 ± 1.3
总仔数（头）	14.76 ± 2.85
活仔数（头）	12.96 ± 2.97

（续表）

项　目	数　值
初生窝重（kg）	12.49 ± 2.89
断奶日龄（d）	30
断奶成活数（头）	12.31 ± 2.60
断奶窝重（kg）	75.16 ± 18.04
断奶成活率（%）	95.02 ± 18.42

饲养管理

梅山猪具有较强的环境适应能力，对外来疫病抵抗能力强，耐粗性能好，可充分利用糠麸、糟渣、藤蔓等农副产品。

饲料饲喂每次添加量要适当，少喂勤添，防止饲料污染而腐败。根据饲养工艺进行转群时，按体重大小、强弱分群饲养，饲养密度要适宜，保证猪有充足的躺卧空间。每天打扫猪舍卫生，保持料槽、水槽用具干净，地面清洁。经常观察猪群健康状态，灭鼠、驱虫，定期投放灭鼠药，及时收集死鼠和残余鼠药，并做无害化处理。

经常保持有充足的饮水，水质符合 NY/T 1167、NY 5027 的要求。经常清洗、消毒饮水设备，避免细菌滋生。

保持良好的饲养管理，尽量减少疾病的发生，减少药物的使用量。仔猪、生长猪必须治疗时，药物的使用要符合 NY 5030 的要求，并严格执行休药期规定。

品种保护

嘉定梅山猪保种场创建于 1958 年，保种场 1993 年被农业部确定为国家级重点种畜场，2008 年被确定为国家级梅山猪资源保护场。国家畜禽遗传资源管理委员会于 2000 年 8 月又将梅山猪列入《国家级畜禽品种资源保护品种》，2006 年 6 月，梅山猪被列入《国家级畜禽遗传资源保护名录》。2013 年 12 月，"嘉定梅山猪"获得农业部农产品地理标志认证。

保种场定期制定年度保种计划，建立了品种登记制度。2013 年开始了农业部首批地方猪品种登记工作。2020 年开始应用场内独立的"梅山猪场管理系统"，实现品种登记系统化。2022 年有保种场 1 个，位于上海市嘉定区嘉唐公路 1991 号。

此外，保种场与上海市农业科学院合作，开展梅山猪精液、体细胞、组织和胚胎等遗传材料的收集、制作并保存于国家和上海市畜禽遗传资源基因库。

评价和利用

■ 品种评价

（1）繁殖性能高：梅山猪高产性能蜚声世界，是我国乃至全世界猪种中繁殖力最强、产仔数量最多的优良品种之一。初产平均 12 头，经产母猪平均 14 头以上，最高纪录产过 33 头。梅山猪性成熟早，公猪 4～5 月龄精子的品质即达成年猪水平。母猪 2 月龄即出现发情。梅山猪护仔性强，泌乳力高，起卧谨慎，能减少仔猪被压。仔猪哺育率及育成率较高。

（2）杂交优势强：嘉定梅山猪体型大，遗传性能较稳定，与瘦肉型猪种结合杂交优势强，是优秀的杂交母体。目前，梅山猪常用作长梅母本（长白公猪与梅山母猪杂交的第一代母猪）开展三元杂交。实践证明，在杂交过程中，杜长梅等三元杂交组合类型保持了亲本产仔数多、瘦肉率高、生长速度快等特点。由于梅山猪具有高繁殖力，世界许多国家都引入梅山猪与其本国猪种进行杂交，以提高本国猪种的繁殖力。

（3）肉质鲜美独特：梅山猪早熟易肥，肌肉、骨、蛋白质、水分和矿物质组成低于大白猪，而脂肪、皮和磷脂含量则高于大白猪。梅山猪的肌肉大理石纹较好，肌间脂肪的数量和分布适度，肌肉除含 70% 左右水分外，蛋白质含量 23.05%，粗脂肪 1.37%。开发利用前景广阔。

孙浩等采集 4 个梅山猪保种场（嘉定、太仓、昆山、句容）的 143 头梅山猪样本进行简化基因组测序，利用检测得到的 111 398 个 SNP 对梅山猪群体遗传多样性与遗传结构进行了分析，结果表明，梅山猪各保种场遗传多样性仍然相对较低，对这一珍贵遗传资源的保护工作应当加大力度；对中、小梅山猪群体的分开保护或许是合理的，但对于同属一类群的中梅山猪或小梅山猪各保种场间应加大基因交流。

利用 XP-EHH 与 Fst 两种群体间方法进行检测，结果发现，中梅山猪群体与小梅山猪群体分化过程在基因组上留下的信号，大部分的选择信号发生在小梅山猪群体中，且主要与繁殖和生长等性状相关；中梅山猪嘉定群体与昆山群体分化过程在基因组上留下的结果发现，得到的信号主要与免疫性状，尤其与呼吸道疾病相关。这些研究结果表明，梅山猪群体主要经受了与繁殖、脂肪相关的选择。中、小梅山猪的群体分化主要集中在繁殖及体型上的差异。中梅山猪群体不同保种场之间的群体分化主要与免疫性状相关。

■ 开发利用

对梅山猪的杂交利用工作早在 20 世纪 50 年代就已经开始。产区群众多用约克夏猪和长白猪与其杂交。姜培良等（1996）用大白猪、杜洛克猪、皮特兰猪与梅山猪杂交，在育肥猪杂交试验中，以（皮 × 杜）×（大 × 梅）四元杂交组合效果最好，日增重 635 g，料重比 2.92。

嘉定区梅山猪保种场 2012 年开始尝试开发利用"杜梅"二元商品猪，生猪直接销售给上海五丰上食食品有限公司，开发出"五丰黑猪""五丰嘉定梅山猪"品牌；受非洲猪瘟疫情影响，2020 年以后，梅山猪开发利用由上海嘉定维高蔬果专业合作社承担，梅山猪保种场直接提供"杜梅"育肥猪（30 ~ 50 kg）。2012—2021 年，梅山猪保种场累计出栏"杜梅"商品猪 42 892 头；其中，供应五丰上食 16 848 头，供应沥江生态园 9 142 头。杂交组合研究方面，2020—2021 年尝试了长白公猪与梅山母猪的杂交组合长梅和杜长梅商品猪生产利用。

梅山猪的高繁殖力特性引起国际动物遗传育种界的普遍重视，法国、匈牙利、英国、日本和美国先后从我国引进太湖流域的不同地方品种（梅山猪、嘉兴黑猪、枫泾猪等）并进行了广泛的研究。他们认为，梅山猪的子宫内环境有利于胚胎的发育，胚胎存活率较高，因而产仔较多。法国曾用梅山猪和嘉兴黑猪、大白猪等杂交，培育成"嘉梅兰"和"太祖母"两个合成系。

　　2015年完成了"嘉梅"注册商标。2015年开通了"上海市嘉定区梅山猪育种中心"网站，网页有宣传梅山猪文化、产品展示等。2022年建立了"嘉定梅山猪"公众号。开发并取得了实用新型专利"一种梅山猪或其肉制品的基因组分子鉴定试剂盒"。专利号：ZL 2015 2 0116938.X。本发明提供了一种操作简单、结果准确、快速高效、利于实际应用的鉴定梅山猪或其肉制品的方法，能够快速、准确地鉴定梅山猪。

图片资料

梅山猪　公猪

梅山猪　母猪

❷ 浦东白猪

一般情况

◼ 品种名称及类型

浦东白猪（Pudong White pig），属地方品种，为肉脂型猪。

◼ 原产地、中心产区及分布

浦东白猪原产于上海市浦东新区的川沙镇、祝桥镇和六灶镇等地，其中祝桥镇的吴家庙、马家宅、火义堰和行前桥一带为中心产区。除浦东新区外，奉贤区沿海一带也有饲养。现浦东白猪主要饲养于上海市浦东新区新场镇上海浦汇良种繁育科技有限公司浦东白猪保种场内。

◼ 原产区自然生态条件

浦东新区地处长江入海口处，上海市东部；浦东新区地势东南高，西北低。因成陆时间的先后，地表层的土质老护塘以西为黄泥土，老护塘以东为轻黄泥土，钦公塘以东以夹沙土为主。海拔范围 3.5 ~ 4.5 m，平均海拔 3.87 m。位于东经 121°27′27″ ~ 121°48′43″、北纬 30°53′20″ ~ 31°23′22″。

浦东属于亚热带海洋性季风气候。年最高气温（7月份）为 32 ~ 39℃，年最低气温（1月份）为 –3.5 ~ 3.5℃，年平均气温 17 ~ 18℃。年降水量 1 250 ~ 1 890 mm，无霜期 250 ~ 300 d。主要河流有环绕区境西部的黄浦江，南北向的浦东运河、曹家沟、马家浜、随塘河，以及东西向的川杨河、张家浜、赵家沟、大治河、白莲泾、惠新河等。

主要农作物有水稻、小麦、油菜、蔬菜、西甜瓜、桃、梨、葡萄、草莓等。

品种形成与发展

■ 品种形成及历史

浦东白猪品种形成至今有 200 年以上历史。据史料记载和品种资源调查，历史上由于当地居民消费习惯及收购价格趋向白猪，农户意愿选择白猪饲养。由于选择白色公猪的数量逐渐增加，白色猪群日益扩大，经长期选育，逐步形成了现在的浦东白猪。历史上浦东白猪饲养量达数万头。进入 21 世纪，由于城市化推进加快，以及环境保护等因素，浦东白猪的养殖场所及数量锐减，目前，仅在上海浦汇良种繁育科技有限公司保种饲养。

■ 群体数量及变化

据资料记载，1982 年底南汇浦东白猪生产母猪圈存数为 7 735 头，种公猪为 56 头。20 世纪 90 年代开始，浦东白猪与引进猪相比，由于生长速度较慢、饲料报酬较低等原因，养殖数量逐年下降。

2006 年，保种场有成年公猪 11 头、后备公猪 3 头，成年母猪 80 头、后备母猪 16 头。

2012 年，保种场有成年公猪 16 头、后备公猪 10 头，成年母猪 110 头、后备母猪 20 头。

2021 年，依据第三次全国畜禽遗传资源普查结果，由上海浦汇良种繁育科技有限公司保种饲养数量为 222 头，其中种公猪 27 头、能繁母猪 139 头。

依据《家畜遗传资源濒危等级评定》（NY/T 2995—2016），由全国普查办会同上海市普查办组织专家评定，浦东白猪目前处于严重危险状态。

体型外貌

■ 体型外貌特征

浦东白猪被毛全白，头中等长，嘴筒中等，额宽，耳呈三角，耳大下垂，体型中等，身躯长，躯干较平直，腹大略下垂，四肢粗壮、较高，后肢略外弯，少有卧系。公猪包皮较小，睾丸匀称突出，附睾较明显。母猪外阴部大小适中，乳头形似枣子，平均 8 对，母性较好。

■ 体重和体尺

2022 年，浦东白猪体重和体尺由上海浦汇良种繁育科技有限公司浦东白猪保种场测定，测定公猪 22 头、母猪 57 头，结果见表 1。

表1·体重和体尺

项　目	公	母
母猪胎次（胎）		4.63 ± 0.74
公猪月龄（月）	32.82 ± 10.87	
体重（kg）	172.45 ± 2.69	160.28 ± 3.12
体高（cm）	72.95 ± 1.86	70.63 ± 12.02
体长（cm）	137.82 ± 2.38	135.26 ± 5.85
胸围（cm）	126.27 ± 1.83	120.86 ± 1.67

生产性能

■ 生长发育性能

2022 年，浦东白猪生长发育性能由上海浦汇良种繁育科技有限公司浦东白猪保种场测定，测定浦东白猪公猪和母猪各 15 头，结果见表 2。

■ 育肥性能

2022 年，浦东白猪育肥性能由上海种猪测定中心测定，测定浦东白猪 31 头，其中阉割公猪 13 头、母猪 18 头，结果见表 3。

表 2 · 生长发育性能

项 目	公	母
出生重（kg）	1.04 ± 0.05	1.00 ± 0.07
断奶日龄（d）	35.00 ± 0.00	35.00 ± 0.00
断奶重（kg）	7.03 ± 0.38	6.71 ± 0.34
70 日龄体重（保育期末）（kg）	16.35 ± 0.59	16.63 ± 0.72
120 日龄体重（kg）	53.33 ± 1.95	53.93 ± 1.62
达适宜上市体重日龄（d）	198.33 ± 6.17	195.60 ± 6.68

表 3 · 育肥性能

项 目	公	母
育肥起测日龄（d）	120.94 ± 12.63	121.88 ± 14.02
育肥起测体重（kg）	23.11 ± 2.32	23.11 ± 2.24
育肥结测日龄（d）	245.63 ± 14.02	252.35 ± 14.14
育肥结测体重（kg）	81.03 ± 5.84	80.64 ± 5.59
育肥期耗料量（kg）	215.22 ± 19.44	221.86 ± 15.57
育肥期日增重（g）	480.24 ± 103.73	450.37 ± 83.92
育肥期料重比	3.72	3.87

▪ 屠宰性能和肉品质

2022 年，浦东白猪屠宰性能和肉品质由上海种猪测定中心测定，测定 20 头，公、母猪各 10 头，结果见表 4 和表 5。

表 4 · 屠宰性能

项 目	公	母
屠宰日龄（d）	241.11 ± 12.23	251.30 ± 16.53
宰前活重（kg）	86.12 ± 3.97	86.38 ± 3.42

（续表）

项　目	公	母
右胴体重（kg）	27.36 ± 2.13	28.24 ± 1.38
左胴体重（kg）	28.23 ± 1.53	28.11 ± 1.44
胴体总重（kg）	55.59 ± 3.31	56.35 ± 2.34
肩部最厚处背膘厚（mm）	46.37 ± 6.82	43.78 ± 8.42
最后肋骨处背膘厚（mm）	30.17 ± 4.60	25.52 ± 8.42
腰荐结合处背膘厚（mm）	37.80 ± 5.37	36.26 ± 5.33
平均背膘厚（mm）	38.71 ± 3.71	35.20 ± 4.89
6～7肋处皮厚（mm）	4.82 ± 0.77	4.97 ± 0.79
眼肌面积（cm^2）	20.66 ± 1.63	24.33 ± 1.53
皮重（kg）	7.26 ± 0.92	7.13 ± 0.81
骨重（kg）	6.41 ± 0.51	6.54 ± 0.61
肥肉重（kg）	12.92 ± 2.22	12.07 ± 1.63
瘦肉重（kg）	28.17 ± 1.90	29.72 ± 1.80
瘦肉率（%）	50.92 ± 2.79	52.86 ± 4.42
屠宰率（%）	66.13 ± 1.63	66.77 ± 1.62
肋骨数（对）	14.20 ± 0.42	14.20 ± 0.42

表5·肉品质

项　目		公	母
肉色	比色板评分	2.44 ± 0.39	2.30 ± 0.48
	L	53.59 ± 2.73	54.51 ± 3.22
	a	0.82 ± 0.86	-0.41 ± 0.70
	b	11.78 ± 1.23	11.72 ± 0.96
pH$_1$		6.12 ± 0.30	6.20 ± 0.17
pH$_{24}$		5.58 ± 0.19	5.52 ± 0.15
滴水损失（%）		3.81 ± 1.55	3.43 ± 1.29
大理石纹		3.22 ± 0.44	3.40 ± 0.66

（续表）

项　目	公	母
肌内脂肪（%）	3.64 ± 1.13	3.40 ± 0.81
嫩度（kg·f）	4.32 ± 0.60	4.17 ± 1.03

■ 繁殖性能

2022 年，浦东白猪繁殖性能由上海浦汇良种繁育科技有限公司浦东白猪保种场测定，浦东白猪性成熟日龄为 120 d，母猪发情周期为 20.7 d，妊娠期为 114.1 d，公猪利用年限 2 年，母猪利用年限 4 年。公猪精液质量在 2022 年 8—10 月测定 10 头种公猪，测定结果见表 6；母猪繁殖性能统计 50 头，其中初产母猪 12 头、经产母猪 38 头，结果见表 7。

表 6 · 精液质量

采精量（ml）	精子密度（亿个/ml）	精子活力（%）	精子畸形率（%）
141.9 ± 22.73	2.34 ± 0.51	75.94 ± 10.08	9.25 ± 2.44

表 7 · 繁殖性能

项　目	数　值	
胎次（胎）	1	4.89 ± 2.23
总仔数（头）	10.00 ± 1.81	12.39 ± 2.90
活仔数（头）	9.58 ± 2.07	12.16 ± 2.99
死胎（头）	0.42 ± 0.67	0.24 ± 0.49
初生窝重（kg）	9.90 ± 2.77	12.72 ± 3.55
断奶日龄（d）	35.00 ± 0.00	35.00 ± 0.00
断奶成活数（头）	8.83 ± 1.85	10.32 ± 1.95
断奶窝重（kg）	62.92 ± 14.68	70.45 ± 16.07
断奶成活率（%）	92.41 ± 7.48	87.09 ± 13.15

饲养管理

浦东白猪具有较好的饲养适应性，根据我国多地饲养实践，均表现出对环境良好的适应能力及生产表现，采用传统饲养或集约化规模饲养模式都取得良好的饲养效果。目前，浦东白猪多以全价配合饲料为主，适当补充青绿饲料，严格按照规模化猪场生产技术规范执行。

浦东白猪具有良好的抗病力，保种场近十多年未发生过重大动物疫病。

品种保护

浦东白猪于2006年6月被列入《国家级畜禽遗传资源保护名录》，2008年建立国家级浦东白猪保种场。上海浦汇良种繁育科技有限公司按照国家级地方品种保护要求，制定了完整的保种方案，开展了品种登记工作。目前，保种场存有保种群体222头，其中公猪27头、基础母猪139头，7个家系。2020年开始与上海市农业科学院合作，开展浦东白猪精液、体细胞、组织和胚胎等遗传材料的收集、制作并保存于国家和上海市畜禽遗传资源基因库。

评价和利用

品种评价

浦东白猪具有毛色全白、繁殖力高、耐粗饲、适应性强、肉质风味较佳等优良特性。

通过课题研究，利用SNP标记分析技术在地方猪种保种上的应用，以高通量测序技术检测浦东白猪全基因组范围内的SNP标记，进行群体遗传多样性和进化分析研究，从分子水平上摸清了浦东白猪的遗传背景，为进一步做好保种和开发利用工作打好基础；以品种标准为依据，组织浦东白猪等开展生产性能测定，持续完善畜禽遗传资源性能测定技术，形成种质评价技术体系；开展浦东白猪抗病性能优化研究，构建生态养殖及生物安全技术体系，提高浦东白猪保种水平；探索优秀杂交配套组合，培育基于浦东白猪的配套系。

■ 开发利用

从 20 世纪 90 年代中期开始就进行了浦东白猪的杂交组合开发利用研究，开始了大 × 长 × 浦三元杂交、杜 × 大 × 长 × 浦四元杂交，以及长 × 浦二元杂交商品猪的开发生产。近年来，与上海交通大学合作，开展浦东白猪配套系相关研究试验工作。2022 年，以浦东白猪为主要育种材料培育的"香雪白猪"配套系，通过国家畜禽遗传资源委员会审定。

图片资料

浦东白猪　公猪

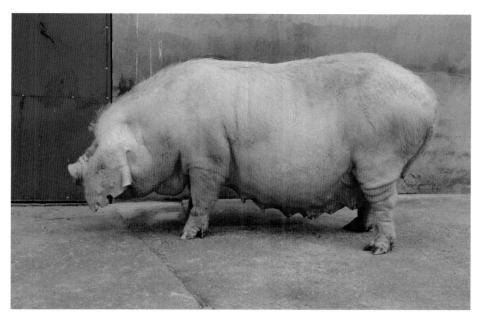

浦东白猪 母猪

❸ 沙乌头猪

一般情况

▪ 品种名称及类型

沙乌头猪（Shawutou pig），又名沙河头猪、沙胡头猪。属地方品种，为肉脂型猪。

▪ 原产地、中心产区及分布

沙乌头猪原产地主要在上海崇明及江苏启东的原聚阳镇、东元镇、合丰镇、少直镇、近海镇等乡镇，其中以聚阳镇为苗猪集散地。沙乌头猪中心产区位于上海市崇明区的东平镇，主要分布于上海市崇明区，江苏省启东市、海门市等地也有少量分布。

◾ 产区自然生态条件

崇明区由崇明、长兴、横沙三岛组成，三岛陆域总面积 1 413 km²。三面环江，一面临海，西接长江，东濒东海，南与浦东新区、宝山区及江苏省太仓市隔水相望，北与江苏省海门市、启东市一衣带水。地处北亚热带，气候温和湿润，年平均气温 16.5℃，日照充足，雨水充沛，四季分明。全域水土洁净，空气清新，生态环境优良。

崇明岛土壤肥沃，富含有机质，主要为黄棕壤或黄褐土。农作物种类繁多，粮食作物主要有水稻、小麦、蚕豆、玉米、薯类、大豆等。

品种来源及发展

◾ 品种形成及历史

崇明岛形成于唐武德元年（618 年），岛上猪的品种是随着岛上居民与周围地区的交往而带入，因其有江南的梅山猪和江北的沙猪血统，故既有梅山猪的"四白脚"特征，又有沙猪被毛乌黑且密的外表。《中国畜禽遗传资源志·猪志》（2011）将沙乌头猪从太湖猪类群里面划出，成为一个独立品种。在崇明岛独特的自然环境条件下，经过劳动人民长期的选育及其长时间的演化，明清时期已形成了岛上独特的沙乌头猪品种。

◾ 群体数量及变化

近 35 年来，随着外来猪种的引入，二元、三元杂交猪在生产性能、经济效益等方面远超纯种沙乌头猪，导致沙乌头猪群体数量不断下降。1986 年存栏沙乌头母猪 17 600 头、公猪 980 头；1990 年存栏沙乌头母猪 14 200 头、公猪 750 头；1995 年存栏沙乌头母猪 6 100 头、公猪 330 头；2000 年存栏沙乌头母猪 330 头、公猪 20 头；2005 年仅存栏沙乌头母猪 70 头、公猪 13 头。2015 年存栏沙乌头猪生产母猪 115 头、公猪 15 头，后备母猪 22 头、公猪 2 头，家系 8 个。2021 年末，上海市崇明区保种群含 8 个家系的沙乌头种公猪 33 头、能繁母猪 245 头。

依据《家畜遗传资源濒危等级评定》（NY/T 2995—2016），由全国普查办会同上海市普查办组织专家评定，沙乌头猪目前处于危险状态。

体型外貌

体型外貌特征

沙乌头猪被毛黑色、偏淡、较稀，鬃毛乌黑色，鼻端、系部、尾梢有白毛，部分猪全身黑毛。肤色黑色、黑灰色或紫红色，少量有白肚，具有"四白脚"特征。体型中等、紧凑，体质结实，结构匀称，行动灵活。头部中等大，形似黄砂茶壶，面长短适中，额部皱纹较浅，有玉鼻或白鼻特征。耳大、遮眼、下垂，但短于嘴筒，耳根微硬，嘴筒中等，眼大、眼眶附近有浅色眼圈。颈中等粗，胸深而宽，背腰平直或微凹，腹大、下垂但不拖地。有效乳头 8 对以上，乳头粗、发育良好、排列整齐对称、呈枣子形。臀部斜尻，尾根高。四肢较结实、粗壮，肢势正常，腿部有褶皱，有的猪有卧系、斜尻。部分公猪有獠牙。

体重和体尺

2022 年，沙乌头猪体重和体尺由上海沙乌头农业科技有限公司沙乌头猪保种场测定。测定沙乌头公猪 20 头、母猪 61 头，结果见表 1。

表 1 · 体重和体尺

项　　目	公	母
母猪胎次（胎）		3.69 ± 0.85
公猪月龄（月）	25.75 ± 10.87	
体重（kg）	148.0 ± 19.00	154.80 ± 21.79

（续表）

项　目	公	母
体高（cm）	137.55 ± 7.82	133.64 ± 10.55
体长（cm）	126.15 ± 5.97	130.87 ± 8.19
胸围（cm）	78.10 ± 6.35	71.17 ± 4.01
背高（cm）	73.45 ± 5.97	67.97 ± 3.99
胸深（cm）	51.40 ± 15.86	49.47 ± 4.54
腹围（cm）	136.75 ± 6.37	155.62 ± 10.08
管围（cm）	21.55 ± 0.89	19.11 ± 1.39

生产性能

▪ 生长发育性能

2022 年，沙乌头猪生长发育性能由上海沙乌头农业科技有限公司沙乌头猪保种场测定。测定公、母各 15 头，结果见表 2。

表 2 · 生长发育性能

项　目	公	母
初生重（kg）	0.83 ± 0.05	0.84 ± 0.05
35 日龄断奶重（kg）	5.93 ± 0.25	5.85 ± 0.30
90 日龄体重（保育期末）（kg）	25.57 ± 3.03	23.93 ± 3.23
120 日龄体重（kg）	37.30 ± 4.43	35.93 ± 4.80
达适宜上市体重日龄（d）	194.47 ± 11.82	198.07 ± 13.70

▪ 育肥性能

2017 年，沙乌头猪育肥性能由上海种猪测定中心测定，测定阉割公猪 18 头、母猪 14 头，结果见表 3。

表3·育肥性能

项　　目	公	母
育肥起测日龄（d）	113.89 ± 4.92	112.64 ± 4.56
育肥起测体重（kg）	21.72 ± 5.26	23.63 ± 2.88
育肥结测日龄（d）	239.11 ± 13.74	243.07 ± 15.36
育肥结测体重（kg）	76.10 ± 6.26	77.76 ± 11.94
育肥期耗料量（kg）	206.18 ± 20.23	200.03 ± 38.54
育肥期日增重（g）	441.11 ± 77.91	416.07 ± 74.47
育肥期料重比	3.81	3.71

屠宰性能和肉品质

2010—2018 年，沙乌头猪屠宰性能和肉品质由上海种猪测定中心测定，测定公猪 25 头、母猪 11 头，结果见表 4 和表 5。

表4·屠宰性能

项　　目	公	母
宰前活重（kg）	79.78 ± 7.05	78.00 ± 5.50
左胴体重（kg）	25.74 ± 2.36	25.18 ± 1.41
胴体总重（kg）	51.49 ± 4.72	50.36 ± 2.83
肩部最厚处背膘厚（mm）	47.83 ± 6.15	41.77 ± 4.73
最后肋骨处背膘厚（mm）	29.78 ± 5.69	25.43 ± 1.25
腰荐结合处背膘厚（mm）	36.09 ± 5.31	30.53 ± 4.14
平均背膘厚（mm）	37.90 ± 4.48	32.57 ± 2.55
皮重（kg）	6.33 ± 0.98	6.95 ± 0.66
骨重（kg）	5.50 ± 0.73	5.71 ± 0.90
肥肉重（kg）	15.08 ± 3.44	13.70 ± 2.41
瘦肉重（kg）	23.99 ± 2.63	22.95 ± 3.01
瘦肉率（%）	47.27 ± 4.60	46.43 ± 3.91

（续表）

项　目	公	母
屠宰率（%）	68.98 ± 2.94	68.10 ± 1.94
肋骨数（对）	14.00 ± 0.00	14.00 ± 0.00

表5 · 肉品质

项　目		公	母
	比色板评分	2.92 ± 0.34	3.06 ± 0.32
肉色	L	47.47 ± 2.13	46.96 ± 1.98
	a	4.63 ± 4.27	7.73 ± 1.66
	b	7.22 ± 1.61	6.64 ± 1.41
pH_1		6.13 ± 0.48	5.90 ± 0.21
pH_{24}		5.60 ± 0.10	5.58 ± 0.05
系水率（%）		10.34 ± 6.29	10.19 ± 3.32
肌内脂肪（%）		4.74 ± 1.06	4.74 ± 1.06
嫩度（kg·f）		4.21 ± 1.05	4.12 ± 1.23

■ **繁殖性能**

2022 年，沙乌头猪繁殖性能由上海沙乌头农业科技有限公司测定。公猪精液质量 8 月测定 25 头种公猪，结果见表 6；统计沙乌头猪母猪 51 头的繁殖性能，结果见表 7。

表6 · 精液质量

采精量（ml）	精子密度（亿个/ml）	精子活力（%）	精子畸形率（%）
79.78 ± 25.88	4.06 ± 0.85	68.56 ± 11.11	8.84 ± 1.98

表 7 · 繁殖性能

项　　目		数　　值
胎次（胎）	1	2.96 ± 0.93
总仔数（头）	11.75 ± 1.50	13.74 ± 3.82
活仔数（头）	11.00 ± 0.82	12.89 ± 4.22
死胎（头）	0.75 ± 0.92	0.85 ± 0.88
初生窝重（kg）	9.13 ± 0.66	10.71 ± 3.45
断奶日龄（d）	35.00 ± 0.00	35.00 ± 0.00
断奶成活数（头）	10.00 ± 0.82	11.57 ± 3.38
断奶窝重（kg）	56.40 ± 4.45	65.69 ± 18.63
断奶成活率（%）	91.05 ± 6.86	91.16 ± 6.44

统计分析结果显示，公猪初情期日龄为 80 ~ 90 d，性成熟日龄为 150 d，公猪初配日龄在 270 ~ 300 d，体重在 100 kg 以上，公猪利用年限为 4 年；母猪初情期日龄为 63 ~ 102 d，平均体重 13 ~ 29 kg，因第一情期配种受胎率低，虽然已性成熟，但生殖器官的发育尚未完全成熟，而且身体的生长发育也未达到体成熟，所以母猪初配日龄为 240 ~ 270 d，体重为 65 ~ 85 kg，母猪利用年限为 5 年。初产窝产仔数为 11.73 头，初产窝产活仔数为 10.84 头，初产出生窝重为 9.03 kg；经产窝产仔数为 13.85 头，经产窝产活仔数为 13.22 头，经产初生窝重为 10.97 kg，经产断奶日龄为 35 d，经产断奶仔猪数为 11.93 头，经产仔猪成活率为 90.24%，经产断奶窝重为 67.69 kg。发情周期为 18 ~ 22 d，妊娠期为 114 d，沙乌头母猪全期（60 d）平均泌乳量为 456 kg，平均泌乳次数 1 624.2 次，平均日泌乳量 7.6 kg，平均日泌乳次数 27.07 次，每次平均泌乳量 280.83 g。

饲养管理

沙乌头猪耐寒、耐热、耐粗饲能力强，但因其耳大下垂而遮眼，不适于高床产房和定位栏，所以更适合利用传统的地面大栏饲养。饲养方法采用"吊架子"饲养法。纯种沙乌头猪在小猪阶段生长比较缓慢，到 50 kg 以后生长较快，易于催肥，因而用这种饲养方法比较适合，只是生长期较长，耗青、粗饲料较多。目前采用"前敞后控"饲喂法饲养，有利于缩短饲养周期，减少后期脂肪沉积。该猪对气喘病抵抗力较低，尤其在冬春容易发病，需加强饲养管理、保持圈舍温暖干燥，可防止发病。

品种保护

2014 年 2 月 14 日，中华人民共和国农业部公告第 2061 号文将沙乌头猪列入《国家级畜禽遗传资源保护名录》。现国家沙乌头猪保种场拥有两个保种基地，保种场位于上海市崇明区东风农场北首的建粮路 8 号，1968 年建设，占地 16 hm²（240 亩）；备份场位于农业现代园区南路，2020 年建设，占地约 4.5 hm²（67 亩），承建单位均是上海沙乌头农业科技有限公司（原上海市崇明区种畜场）。保种场布局合理，生产区与办公区、生活区隔离分开，有独立办公大楼，生产区设有兽医室和消毒更衣室、隔离猪舍等，并有病死猪及废弃物无害化处理设施。截至 2022 年底，两个基地共保种 8 个家系的沙乌头公猪 39 头、生产母猪 410 头，其中 200 多头用于开发利用，其余用于纯繁育种。

保种场配合上海市农业科学院持续开展沙乌头猪遗传材料的采集，2022 年进行了 25 头沙乌头公猪精液的采集工作，以及 20 头沙乌头公猪和 40 头沙乌头母猪耳缺样品和血样的采集工作。截至 2022 年底，公司已累计制作沙乌头猪冻精 16 171 支，保存细胞 702 份、组织 202 份，其中送国家基因库冷冻精液 7 599 支、体细胞 222 份、组织 142 份，上海市畜禽遗传资源基因库目前保存冷冻精液 8 200 支、体细胞 480 份、组织 60 份。

评价和利用

▪ 品种评价

沙乌头猪优点是肉、脂品质好，肌肉颜色鲜红，系水力强，细嫩多汁，富含肌肉脂肪。皮薄骨细，头小肢细，胴体中皮骨比例低，可食部分多。繁殖力强，平均每胎产仔可达 14 头以上，繁殖年限长，乳头数多，泌乳力强，母性好。仔猪哺育率高，性成熟早。适应性好，耐寒、耐热能力强，耐粗饲，能适应我国大部分地区的气候环境。缺点是体格不大，初生重小，生长较慢，后腿不够丰满。

2018 年度上海市科技兴农重点攻关项目"沙乌头猪专门化品系选育及杂交组合筛选"，课题编号为 2018-02-08-00-03-F01554。利用"中芯一号"SNP 芯片开展沙乌头猪群体遗传结构分析，沙乌头猪群体的期望杂合度 He 值为 0.349、观察杂合度 Ho 值为 0.369，说明沙乌头猪群体的遗传多样性较低，群体的选育程度较高，整齐度较好。从 G 矩阵的基因组亲缘关系热图来看，大部分个体间的亲缘关系呈中等程度，而部分个体之间亲缘关系较近，表明这些个体之间存在近交趋势。ROH 分析结果，每个沙乌头猪个体含有的 ROH 数量为 17～75 个，每个个体的 ROH 总长度为 110.94～581.52 Mb，个体 ROH 总长度在 300～400 Mb 的个体数最多（占 41.56%）；该群体平均近交系数为 0.13。

开发利用

沙乌头猪长期处于闭锁繁育状态，20 世纪 70 年代后才开始杂交利用。据 1980 年崇明县畜牧兽医站试验测定，在饲喂消化能 12.68 MJ、可消化粗蛋白质 12% 的饲料，且自由采食的条件下，苏 × 沙一代杂种肉猪的杂种优势率为 17%。据对上海地区（当时）5 个县的地方猪种杂交配合力试验结果表明，以松江、金山的枫泾猪和嘉定的梅山猪分别作父本，与沙乌头猪作母本进行系间杂交，都有不同程度的杂种优势，尤以枫泾猪 × 沙乌头猪一代杂种生长速度最快，日增重 462 g。

20 世纪 90 年代开始以沙乌头猪作母本，与苏白猪、长白猪、大约克夏猪、杜洛克猪等品种公猪进行杂交，所产杂种一代猪作为母本（即苏 × 沙、长 × 沙、约 × 沙、杜 × 沙），再与苏白猪、长白猪、大约克夏猪、杜洛克猪等外来品种公猪进行杂交，其杂交猪从出生到出栏平均在 165 d 以下，商品猪出栏平均体重为 90 kg 左右，日增重 700 g 左右，同时以料重比低（3.30 以下）、瘦肉率高（杜 × 长沙组合最高 58.97%，约 × 长沙组合 57.17%），深受当地群众喜欢。

2002 年起开始参与实施"优质瘦肉型杂交配套技术推广"项目，以含沙乌头

猪血统的杜 × 长沙、约 × 长沙三元杂种猪作母本，与外来品种杜洛克猪、大约克夏猪等品种公猪进行杂交，生产杜 × 约长沙、约 × 杜长沙为主的四元杂交优质瘦肉型猪，其瘦肉率：约 × 杜长沙为 64.92%，杜 × 约长沙为 60.76%，但杜 × 约长沙 162 d 达到 88.5 kg 的上市体重，生长育肥期料重比 2.81，明显优于平均出栏日龄 170 ~ 180 d、体重 85 ~ 90 kg，生长育肥期料重比 3.0 ~ 3.4 的项目指标；同时，约 × 长沙三元杂交配套母猪比长大母猪每胎多提供断奶仔猪 1.48 头。

2004 年参与实施了上海市 "优质瘦肉型杂交配套技术推广" 项目并获得全国农牧渔丰收奖三等奖。通过两个项目的开展，充分验证了利用含沙乌头猪血统的杂种猪生产优质瘦肉型商品猪的可行性。

2012 年实施了崇明区 "基于无应激皮特兰猪为父系的沙乌头猪杂交模式研究" 科技攻关项目，以皮特兰猪、杜洛克猪、沙乌头猪等品种，进行二元、三元杂交试验。结果表明，二元杂交中，生长速度方面杜沙占优势，但瘦肉率方面皮沙比杜沙高，综合各方面数据分析，皮沙和杜沙在胴体性状方面具备了配套系母本的要求，无 PSE 肉，pH 也属正常范围；三元杂交中，杜 × 皮沙组试验猪日增重 758.1 g；皮 × 杜沙组试验猪日增重 711.8 g，在生长速度方面杜 × 皮沙组占优势，但瘦肉率方面皮 × 杜沙组比杜 × 皮沙组高。综合各方面数据分析，杜 × 皮沙组和皮 × 杜沙组试验猪在胴体性状方面具备了配套系母本的要求，也无 PSE 肉，pH 也属正常范围。综合比较，杜 × 皮沙组要优于皮 × 杜沙组。由此最终探索出优质猪肉生产配套组合杜 × 沙模式，生产商品黑毛猪及黑毛猪猪肉产品，从种质资源上保证优质猪肉生产，这一模式一直延续到现在沙乌头猪的开发利用模式。

2018 年度上海市科技兴农重点攻关项目 "沙乌头猪专门化品系选育及杂交组合筛选"，开展杂交组合筛选试验，杜洛克猪 × 沙乌头猪、鲁莱黑猪 × 沙乌头猪二元杂交组合分别测定 41 头。其中，杜沙二元组合肌内脂肪 2.90%，平均日增重为 820 g；鲁沙二元组合肌内脂肪 3.51%，平均日增重为 500 g。

依据沙乌头猪地方标准（DB31/T20—2010），上海沙乌头农业科技有限公司制定沙乌头猪饲养标准、营养标准、管理标准，以及各种工作标准。2013 年 12 月 30 日获得国家农产品地理标志证书。2003 年 6 月 21 日注册成功 "沙乌头" 商标，公司正通过线上和线下相结合的模式开展品牌宣传推广，努力做大做强 "沙乌头" 猪肉品牌。

　　为贯彻落实党中央、国务院关于坚决打好种业翻身仗的决策部署和上海市委、市政府对种业发展的要求，沙乌头猪作为国家重要的遗传资源，上海沙乌头农业科技有限公司肩负着对沙乌头猪保护和开发利用的重任。目前，在沙乌头猪纯繁育种的前提下，其中50%的沙乌头母猪用于杂交开发利用，主要通过引进的杜洛克公猪与沙乌头母猪进行杂交生产二元"杜沙"商品猪，向市场推广优质猪肉产品，满足上海市民对名、特、优畜产品的需求，丰富市民菜篮子。同时，公司联合市、区疫控中心和农业院校等科研机构，通过引进的鲁莱猪、莱芜猪与长白猪、大白猪、杜洛克猪杂交，运用分子遗传学手段，针对沙乌头猪的种质特性，预测各杂交组合的杂种优势，初步筛选出表现优异的杂交模式进行配合力测定，进而筛选最佳杂交组合，并在此基础上进一步培育一个用作第一父本的专门化品系（C），并与杜洛克猪（D）和沙乌头猪（S）配套进行商品肉猪杂交生产，培育出具有沙乌头猪血统的配套系，使土猪开发利用程度得到最大化，形成以开发促保种的良性循环。

图片资料

沙乌头猪 公猪

沙乌头猪 母猪

④ 枫泾猪

一般情况

▪ 品种名称及类型

枫泾猪（Fengjing pig），因以原上海市金山县的枫泾镇为苗猪集散地而得名。属地方品种，为肉脂型猪。

▪ 原产地、中心产区及分布

枫泾猪原产于上海金山区、松江区和毗邻的浙江嘉善县等地，主要分布在金山的枫泾、兴塔等地区，以及上海松江区和江苏省苏州市吴江区。其中，吴江区以松陵、芦墟、盛泽、南麻等镇较多。目前主要分布在上海市金山区的张堰镇和亭林镇。

▪ 原产区自然生态条件

金山区地处北纬 30°40′～30°58′、东经 121°～121°25′，位于长江三角洲南翼，上海西南部。东邻奉贤区，西与浙江省平湖市、嘉善县交界，南濒杭州湾，北与松江区、青浦区接壤。区域东西长 44 km，南北宽 26 km，陆地总面积 586.05 km²。全境地势低平，海拔自西北至东南略有升高。河流属黄浦江水系，源出浙江天目山区。

金山区属北亚热带季风地区，雨量充沛，年平均降雨量 1 156.7 mm，汛期降雨量占全年的 68.3%，每年的 6 月中旬至 7 月上旬为梅雨期，常年平均降雨量 226.6 mm。

金山区水源充沛，河道纵横，水网密布；土质极大部分为水稻土，而其中青黄泥、黄斑青紫、青紫泥、青黄土、黄泥头 5 个土种为本区分布较广、面积较大的土种。农作物产量丰富，主要有水稻等。

品种形成与发展

▪ 品种形成及历史

据考证，早在二三千年以前，枫泾地区的先民们已将猎获的类似华南野猪逐渐驯养成为家猪，在明万历年间形成了"滑尖""翁头""寿头"三种类型的猪种，当地人称"黑猪"或"杜仲猪"，新中国成立后俗称"枫泾猪"。

枫泾猪过去作为太湖猪一个类群，在国内外具有一定的知名度，特别是该品种肉质肥而不腻、细而鲜嫩的特点，曾以闻名的"枫泾丁蹄"产品赢得过莱比锡国际博览会金奖。可见，枫泾猪至少已有 100 年以上的饲养历史（陈效华等，1964）。据陈效华等（1964）调查，在明万历年间（1573—1619 年），太仓、嘉定、上海、松江等地已发展成为重要产棉区，当时养有一种大花脸猪，头大皮厚、皱褶多而深、富有胶质，毛色有全黑、全白和黑白花几种。可以说，枫泾猪是大花脸猪经群众长期选育形成的。

江苏省苏州市吴江区历史上以饲养黑猪为主，品种比较混杂。20 世纪 60 年代起，当地开始从上海引进枫泾猪，到 20 世纪 70 年代全县已普及枫泾猪，成为枫泾猪的主产地之一。除肉质之外，枫泾猪的繁殖性能也秉承了太湖猪的高产优良特性而被编入《中国猪品种志》。

■ 群体数量及变化

20 世纪 70 年代，枫泾猪在苏、浙、沪一带的嘉善、平湖、松江、青浦、吴江、金山等地的饲养量可占 80% 以上，主要分布在金山区的枫泾、兴塔等地区。据《松江县志》记载：1970 年起，在县种畜禽场和洞泾、新桥、张泽、叶榭等 4 个公社种畜禽场建立育种基地。《中国猪品种志》记载，1980 年产区有枫泾猪约 12.48 万头。1985 年，松江县（历史上金山属于松江府）生产母猪中枫泾猪占 95.96%，已形成质量较高的枫泾猪母猪群，成为市郊枫泾猪繁育基地之一。20 世纪 90 年代，由于大力推广国外瘦肉型猪，枫泾猪数量逐年减少。

2002 年底，金山区（1997 年撤县建区）种畜禽场枫泾猪共有 4 个家系，79 头母猪、7 头公猪。2003 年，由于体制改革，金山种畜场撤并，枫泾猪的养殖、繁育职能由金山区农业农村委员会委托上海沙龙畜牧有限公司开展。至 2006 年，江苏、上海共有枫泾猪公猪 17 头、母猪 3 500 余头。据上海市金山区动物疫病预防控制中心 2009 年调查，在上海市金山区沙龙畜牧有限公司保种基地有枫泾猪母猪 110 头、公猪 12 头（4 个家系）；在金山区的枫泾镇和朱泾镇有枫泾猪母猪 2 000 多头，约占金山全区 2 万头母猪的 10%。

2017 年，上海沙龙畜牧有限公司保种场的枫泾猪核心群数量已增加到 6 个家系，共有 120 头生产母猪、18 头生产公猪。受上海整体大环境的影响，农户已经很少有人饲养枫泾猪了。

截至 2022 年底，枫泾猪种猪群体规模依然较小，濒临灭绝状态；生产母猪规模 258 头，生产公猪 24 头。主要饲养在上海市金山区张堰镇上海沙龙畜牧有限公司、上海市金山亭林镇上海沁侬牧业科技有限公司（种猪四场）。

体型外貌

▪ 体型外貌特征

成年猪肤色为背部黑灰、腹部紫红色，毛色为黑色、毛稀，头大额宽、嘴筒长直、额部皱褶深而多，耳朵大、下垂、耳尖超过嘴筒，躯干背平直或微凹、尾根偏低，乳头8～9对，四肢粗壮、后肢直立、前肢外展、没有卧系，体型偏小、体质良好、骨骼粗壮结实、肌肉发育适中、结构匀称。公猪腹大下垂但不拖地，睾丸大小适中、左右对称、少见包皮积尿，老年公猪有獠牙、个别公猪具有攻击性。母猪腹部平直，臀部肌肉不够丰满，乳头细、对称排列、发育良好。

▪ 体重和体尺

2022年6月，上海沁侬牧业科技有限公司（种猪四场）内共计生产母猪55头、公猪20头的测定，结果见表1。

表1·体重和体尺

项 目	公	母
母猪胎次（胎）		3.15 ± 3.09
公猪月龄（月）	37.36 ± 6.32	
体重（kg）	169.30 ± 22.86	137.00 ± 43.07
体高（cm）	86.47 ± 5.62	72.77 ± 10.00
体长（cm）	146.45 ± 12.65	126.86 ± 20.13
胸围（cm）	129.91 ± 8.89	121.17 ± 16.83

生产性能

▪ 生长发育性能

自2022年11月，上海沁侬牧业科技有限公司（种猪四场）枫泾猪生长发育性能的测定。测定公、母猪各 15 头，结果见表 2。

表2·生长发育性能

项 目	公	母
初生重（kg）	1.19 ± 0.14	1.05 ± 0.18
断奶日龄（d）	27	27
断奶重（kg）	4.58 ± 0.70	4.18 ± 0.42
保育期末日龄（d）	70	70
保育期末重（kg）	14.20 ± 1.91	13.24 ± 2.06
120 日龄体重（kg）	27.24 ± 2.72	25.93 ± 2.59
日增重（g）	243.62 ± 29.00	233.94 ± 30.21

■ 育肥性能

2017—2018 年，枫泾猪育肥性能由上海种猪测定中心测定，测定阉割公猪 16 头、母猪 15 头，结果见表 3。

表3·育肥性能

项 目	公	母
育肥起测日龄（d）	127.25 ± 24.01	131.93 ± 26.26
育肥起测体重（kg）	36.51 ± 8.24	36.99 ± 7.38
育肥结测日龄（d）	220.25 ± 15.80	222.60 ± 12.44
育肥结测体重（kg）	78.03 ± 10.60	75.63 ± 12.63
育肥期耗料量（kg）	158.06 ± 49.05	149.72 ± 44.23
育肥期日增重（g）	451.81 ± 101.85	401.43 ± 91.12
育肥期料重比	3.90	4.13

屠宰性能和肉品质

2022 年 8 月，枫泾猪屠宰性能和肉品质由上海种猪测定中心测定，测定母猪 3 头、公猪 17 头，结果见表 4 和表 5。

表 4 · 屠宰性能

项　目	数　值
宰前活重（kg）	100.34 ± 15.57
右胴体重（kg）	35.97 ± 5.88
左胴体重（kg）	35.97 ± 5.88
胴体总重（kg）	71.94 ± 11.76
胴体长（cm）	87.00 ± 5.06
肩部最厚处背膘厚（mm）	43.25 ± 6.69
最后肋骨处背膘厚（mm）	25.29 ± 7.32
腰荐结合处背膘厚（mm）	33.33 ± 5.50
平均背膘厚（mm）	33.96 ± 6.08
肋骨数（对）	14.00 ± 0.00
6 ~ 7 肋处皮厚（mm）	5.35 ± 1.03
眼肌面积（cm^2）	20.90 ± 2.68
皮重（kg）	12.94 ± 2.42
皮率（%）	18.06 ± 2.24
骨重（kg）	9.51 ± 1.45
骨率（%）	13.32 ± 1.41
肥肉重（kg）	13.68 ± 4.39
肥肉率（%）	18.74 ± 3.70
瘦肉重（kg）	34.93 ± 5.87
瘦肉率（%）	48.57 ± 2.11
屠宰率（%）	75.38 ± 2.49

表 5 · 肉品质

项　　目		数　　值
测定数量（头）		20
肉色	比色板评分	2.80 ± 0.59
	L	50.58 ± 3.62
	a	0.90 ± 2.31
	b	9.80 ± 3.19
pH$_1$		6.48 ± 0.34
pH$_{24}$		6.06 ± 0.22
滴水损失（%）		5.21 ± 1.89
大理石纹		3.60 ± 0.58
肌内脂肪（%）		4.19 ± 1.55
嫩度（kg·f）		4.71 ± 1.60

▪ 繁殖性能

2022 年 9—10 月，枫泾猪繁殖性能由上海沁侬牧业科技有限公司（种猪四场）枫泾猪保种场测定，对 12 头枫泾猪公猪的精液质量进行了检测，表明枫泾猪精液质量良好，平均采精量 143 ml、精子密度 2.86 亿个 /ml、精子活力 87.25%、精子畸形率 15.81%。具体统计数据见表 6。

表 6 · 精液质量

采精量（ml）	精子密度（亿个 /ml）	精子活力（%）	精子畸形率（%）
143.29 ± 77.29	2.86 ± 0.49	87.25 ± 1.09	15.81 ± 4.86

《中国猪品种志》中记载，1977—1980 年（601 窝）平均窝产仔数 16.41 头，窝产活仔数 14.13 头。《中国畜禽遗传资源志・猪志》中记载：据金山区种畜场 2004—2006 年对 11 头公猪、10 头母猪的生产记录的统计，公猪 75 日龄、母猪 68.9 日龄性成熟；公猪 240 日龄、母猪 206 日龄初配。母猪发情周期 20.5 d，妊娠

期 114 d；窝产仔数 16 头，窝产活仔数 14.9 头；初生窝重 14.93 kg；仔猪 35 日龄断奶重 7.12 kg。第三次普查与前两次调查数据相比，枫泾猪的繁殖性能下降明显，造成此现象的原因与枫泾猪的群体规模骤降有关，也与饲料营养、饲养方式及人工授精等有关。2021 年 11 月至 2022 年 12 月，上海沁侬牧业科技有限公司（种猪四场）枫泾猪保种场统计枫泾猪母猪繁殖性能见表 7。

表7 · 繁殖性能

项　　目	数　　值			
胎次（胎）	1	2	3	4
窝数（窝）	9	11	16	15
窝产仔数（头）	8.33 ± 2.21	13.27 ± 2.09	13.63 ± 2.76	14.86 ± 2.13
窝产活仔数（头）	6.89 ± 0.99	12.36 ± 1.55	12.44 ± 2.18	13.29 ± 2.49
出生窝重（kg）	5.97 ± 0.72	11.32 ± 1.85	12.42 ± 1.46	13.35 ± 2.44
断奶仔猪数（头）	5.89 ± 0.99	10.55 ± 1.30	10.44 ± 1.94	11.5 ± 2.26
27 日龄断奶个体重（kg）	5.83 ± 0.07	5.36 ± 1.53	5.85 ± 0.08	5.81 ± 0.05
27 日龄断奶窝重（kg）	34.31 ± 5.68	61.16 ± 7.57	60.93 ± 11.03	66.83 ± 13.05

饲养管理

枫泾猪耐受性强，尤其在夏季耐热性较强；环境适应性强，不论是在农户家散养还是在规范化现代化保种场都能很好的生活。目前，枫泾猪主要是在保种场内饲养，采用限位栏饲养母猪，大栏饲养后备猪、生产公猪、保育仔猪和育肥猪；采用料塔、料线进行自动饲喂，风机和水帘进行温度和空气质量控制，干清粪方式进行粪便清理；饲喂的饲料为饲料厂生产的专门化猪饲料，分为教槽料、保育料、育肥料、母猪料、公猪料等。枫泾猪的繁殖方式目前以人工授精方式为主。枫泾猪对寄生虫易感（主要是体表的疥螨和体内的蛔虫），需要定期对枫泾猪进行体表和体内驱虫；枫泾猪对腹泻抵抗力强，黄白痢或病毒性腹泻后通过常规的抗生素治疗即可控制，不易出现大规模的仔猪瘦弱和死亡现象。

品种保护

2022 年枫泾猪被列入《上海市畜禽遗传资源保护名录》（沪农委规〔2022〕8号）。枫泾猪在上海市建有上海市级保种场，依托单位为上海沁侬牧业科技有限公司，饲养在上海沁侬牧业科技有限公司（种猪四场）。截至 2023 年 7 月，枫泾猪保种群群体数量 168 头生产母猪，14 头生产公猪，公猪家系数 6 个，后备母猪 50 头，后备公猪 17 头；遗传材料保存方面，上海沁侬牧业科技有限公司与上海市金山区农业农村委、上海市农业科学院共同协作，在上海市畜禽遗传资源基因库保存了枫泾猪体细胞 220 余份，胚胎保存了 3 个家系 3 头母猪共计 43 枚胚胎（胚胎后续还在继续收集中，将覆盖所有的家系），保存了冻精 17 000 余支。

评价和利用

▪ 品种评价

枫泾猪繁殖性能好、产仔多，母性好，耐粗饲，耐热性强，抗病力强，肌内脂肪含量高，肉质佳，遗传性能稳定，杂交效果显著；但生长速度缓慢，猪背膘较厚。现存数量已极少，特别是种公猪少，且繁殖性能显著下降，需加强保护，扩大群体数量，做好提纯复壮工作，在现有枫泾猪保种的基础上，加大品种杂交优势的利用和新品种的培育。

▪ 开发利用

在产区，除少量纯繁外，枫泾猪母猪主要与长白猪、大约克夏猪、皮特兰猪、杜洛克猪开展二元和三元杂交生产商品猪。曹建国等（1998）根据上海市科技兴农重点攻关项目基地示范场和扩繁场 1996 年 5 月至 1997 年 12 月的部分生产记录和观察数据对金枫猪、长枫杂种猪及枫泾猪的繁殖性能进行了比较，长枫组、金枫组的窝产仔数均略有增加。金枫猪（商品名）是以枫泾猪和皮特兰猪杂交而成的瘦肉型杂交母系，具有枫泾猪母性好、产仔率高、全身被毛黑色的特点，与长白猪杂交生产的商品猪生长速度快、饲料转化率高，且胴体瘦肉率在 60% 以上，无 PSE 肉发生。

　　2022 年上海市科技兴农项目"枫泾猪保种及优质黑猪新品种培育"，由上海沁侬牧业科技有限公司作为项目主持单位，对枫泾猪群体进行扩群、提纯复壮、新品种培育，以及产品开发、品牌创建等工作。截至 2023 年 7 月，枫泾猪母猪存栏 168 头，生产公猪存栏 14 头，6 个公猪家系保存完整；新品种培育工作在进行大白猪 × 枫泾猪、长白猪 × 枫泾猪、杜洛克猪 × 枫泾猪及皮特兰猪 × 枫泾猪的杂交育种工作；上海沁侬牧业科技有限公司成立了专门的食品子公司，并注册了"沪满香"商标。2011 年由上海市金山区农学会申请对枫泾猪实施农产品地理标志保护（农业部公告：1813 号，证书编号：AGI00889）。制定了上海市地方标准《DB31/T 19—2010 枫泾猪》。

图片资料

枫泾猪 公猪

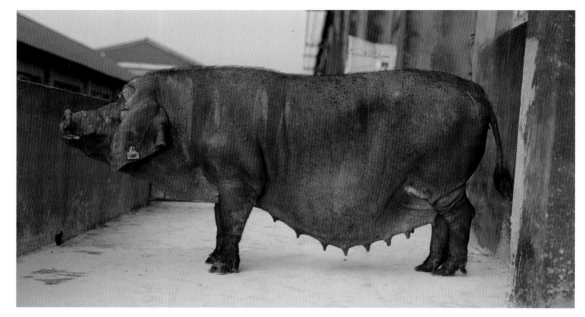

枫泾猪 母猪

⑤ 上海白猪

一般情况

■ 品种名称及类型

上海白猪（Shanghai White pig），属培育品种。

■ 品种分布

上海白猪原产地主要集中在上海的虹桥、彭浦和长征等地，现分布在奉贤区，主要饲养在上海市农业科学院畜牧试验场（猪场）的为上海白猪（农系）。

培育过程

培育单位和培育素材

上海白猪育成于 20 世纪 70 年代末，是我国较著名的培育品种。新中国成立后，上海郊区有许多外国侨民引入的不同类型的猪种，种类繁杂，不利于推广应用。据此，由当时的上海市农业科学院、宝山县及上海县成立上海白猪育种协作组，利用郊区的猪种素材开展了上海白猪的培育。在培育期间导入了苏白猪和约克夏猪的血统，经过十多年的攻关，终于成功育成上海白猪。

培育过程和培育方法

上海白猪培育过程可分为 4 个阶段。第一阶段：杂交繁育阶段，1963 年以前的一个较长时期，由本地猪种和约克夏、苏联大白猪等外来猪种进行杂交，并经过长期的选育而完成。第二阶段：横交固定阶段，1963—1965 年有计划地组织协作，开展上海白猪横交固定工作。第三阶段：扩群提高阶段，1965—1972 年在 3 个国营种猪场的带动下，在各乡级种畜场开展扩群提高工作。第四阶段：品系繁育阶段，从 1972 年开始，按照当时上海白猪育种群分布情况及特点，以上海县种畜场、宝山县种畜场和上海市农业科学院畜牧兽医研究所猪场为核心，采取场间隔离、"类群建系"的方法分 3 片建立 3 个品系的部署，开展品系繁育，经过 6 年多协作努力，到 1979 年 9 月已基本建成上海白猪农系、上系和宝系 3 个品系。农系主要有 6 个母族、4 个父系组成。各系不仅在体型外貌上有差异，而且在生产性能上也各有特色，遗传性能稳定，为上海白猪的保存、利用和发展奠定了基础。

1978 年通过了上海市科委的鉴定，成为我国第一批自主培育的猪新品种。

品种数量情况

截至 2022 年底，上海白猪生产母猪规模 165 头，生产公猪 12 头。主要饲养在上海市农业科学院畜牧试验场（猪场）。

▪ 品种培育成功后消长形势

20 世纪 80 年代初到 90 年代初，原上海市农业科学院畜牧试验场（猪场）年均存栏上海白猪母猪 350 头。1990—2002 年稍有下降，年均存栏母猪 300 头左右。2007—2014 年下降到年均存栏母猪 260 头。2014 年仅存栏母猪 100 头，目前保存有上海白猪 170 头。

体型外貌

▪ 体型外貌特征

上海白猪体型中等，体质结实，全身被毛白色。头中等大，头面平或微凹，两耳中等大、略向前倾，嘴筒中等长。体躯较长，背平直，肋骨 14～15 对。四肢健壮，偶有卧系。腹无下垂，臀丰满。有效乳头数多为 7 对，对称排列，乳头细、发育良好。

▪ 体重和体尺

2022 年，上海市农业科学院畜牧试验场测定了公猪 20 头、母猪 50 头，体重和体尺测定结果见表 1。

表 1 · 体重和体尺

项　目	公	母
母猪胎次（胎）		5.48 ± 4.50
公猪月龄（月）	32.70 ± 6.40	
体重（kg）	209.35 ± 13.98	217.14 ± 38.65
体高（cm）	82.35 ± 2.48	81.02 ± 8.54
体长（cm）	152.45 ± 3.69	146.52 ± 10.46
胸围（cm）	138.15 ± 3.57	148.54 ± 15.02
背高（cm）	83.15 ± 3.70	80.18 ± 9.22

（续表）

项 目	公	母
胸深（cm）	52.15 ± 1.60	54.28 ± 5.30
腹围（cm）	147.95 ± 2.76	162.60 ± 14.14
管围（cm）	23.05 ± 0.89	20.44 ± 2.46

生产性能

▪ 生长发育性能

2022 年，上海市农业科学院畜牧试验场测定了公猪 13 头、母猪 17 头，测定结果见表 2。

表 2 · 生长发育性能

项 目	公	母
出生重（kg）	1.37 ± 0.09	1.33 ± 0.09
断奶日龄（d）	28.00 ± 0.00	28.00 ± 0.00
断奶重（kg）	6.52 ± 0.08	6.51 ± 0.11
80 日龄体重（保育期末）（kg）	24.65 ± 3.20	23.15 ± 2.32
120 日龄体重（kg）	50.58 ± 7.49	47.04 ± 6.10
达适宜上市体重日龄（d）	205.38 ± 12.66	212.94 ± 11.05

▪ 育肥性能

2022 年，上海种猪测定中心测定了 26 头，其中阉割公猪 11 头、母猪 15 头，育肥性能测定结果见表 3。

表3·育肥性能

项　目	公	母
育肥起测日龄（d）	99.09 ± 3.27	101.47 ± 4.27
育肥起测体重（kg）	31.35 ± 4.43	30.72 ± 3.40
育肥结测日龄（d）	184.64 ± 17.95	195.13 ± 12.50
育肥结测体重（kg）	92.20 ± 8.61	94.72 ± 3.36
育肥期耗料重（kg）	203.54 ± 28.11	211.86 ± 19.42
育肥期日增重（g）	784.46 ± 127.30	693.44 ± 95.16
育肥期料重比	3.31 ± 0.18	3.38 ± 0.41

屠宰性能和肉品质

2022 年，上海种猪测定中心测定上海白猪 20 头，公、母猪各 10 头，屠宰性能和肉品质测定结果见表 4 和表 5。

表4·屠宰性能

项　目	公	母
屠宰日龄（d）	187.89 ± 11.47	202.10 ± 16.53
宰前活重（kg）	101.24 ± 5.48	98.70 ± 4.28
右胴体重（kg）	36.02 ± 2.50	34.79 ± 1.67
左胴体重（kg）	35.79 ± 1.80	34.50 ± 1.90
胴体总重（kg）	71.82 ± 3.63	69.26 ± 3.32
肩部最厚处背膘厚（mm）	44.88 ± 6.94	43.96 ± 8.08
最后肋骨处背膘厚（mm）	28.54 ± 3.44	26.31 ± 5.03
腰荐结合处背膘厚（mm）	37.12 ± 10.07	29.68 ± 8.22
平均背膘厚（mm）	36.85 ± 2.54	33.32 ± 6.53
6～7 肋处皮厚（mm）	2.90 ± 0.24	3.26 ± 0.27
眼肌面积（cm²）	34.33 ± 3.31	36.17 ± 2.28
皮重（kg）	7.26 ± 0.59	7.23 ± 0.79

（续表）

项　目	公	母
骨重（kg）	8.69 ± 0.88	8.55 ± 0.91
肥肉重（kg）	13.91 ± 2.67	12.43 ± 3.04
瘦肉重（kg）	41.09 ± 2.78	40.03 ± 2.29
瘦肉率（%）	57.23 ± 2.98	58.32 ± 2.97
屠宰率（%）	70.96 ± 1.44	70.19 ± 2.32
肋骨数（对）	14.00 ± 0.00	14.20 ± 0.42

表5 · 肉品质

项　目		公	母
肉色	比色板评分	1.61 ± 0.78	2.10 ± 1.07
	L	60.4 ± 6.48	56.41 ± 8.87
	a	− 0.09 ± 0.90	− 0.20 ± 1.07
	b	13.76 ± 1.93	11.97 ± 5.05
pH_1		5.72 ± 0.25	5.36 ± 0.66
pH_{24}		5.54 ± 0.08	5.53 ± 0.07
滴水损失（%）		5.28 ± 2.44	5.31 ± 2.84
大理石纹		3.00 ± 0.00	2.90 ± 0.54
肌内脂肪（%）		2.04 ± 0.53	2.36 ± 1.38
嫩度（kg·f）		4.50 ± 0.87	4.39 ± 0.82

· 繁殖性能

（1）母猪发情：上海白猪发情表现明显，母猪初情期6月龄左右，发情周期21 d，发情持续期3～4 d；适宜初配期8月龄，体重达85 kg以上。

（2）母猪产仔性能：2022年，上海白猪繁殖性能由上海市农业科学院畜牧试验场（猪场）测定统计，结果见表6。上海白猪国家标准（GB/T 8473—2008）繁殖性能见表7。

表6 · 繁殖性能

项　　目	产仔数（头）	产活仔数（头）	初生重（kg）
初产母猪	8.31	7.83	1.28
经产母猪	10.02	9.63	1.33

表7 · 繁殖性能

项　　目	产仔数（头）	产活仔数（头）	初生重（kg）
初产母猪	10.0	9.0	1.2
经产母猪	11.5	10.5	1.3

目前上海白猪的产仔性能有所下降，经产母猪与国家标准相比下降 1.48 头，初产母猪的产仔数下降 1.69 头。

（3）公猪精液质量：上海白猪平均采精量 145 ml，精子密度 2.70 亿个 /ml，精子活力 88.3%，精子畸形率 5.23%。

饲养管理

■ 后备公母猪饲养管理

按照饲养标准和日喂量，每月称测体重，及时调整饲喂量。公、母猪实行分开饲养，后备母猪以精料为主，一般在 4 月龄前自由采食，4 月龄后采用限量或分餐饲喂，在达到配种月龄时，膘情控制在八成即可。后备公猪以精料为主。后备公猪应加强运动和饲喂。4 月龄后，公、母后备猪实行分圈饲养。2 月龄、4 月龄对后备公、母猪按品种标准各进行一次评定和选择。进行"三点"定位调教、人猪亲和调教。公猪采精调教年龄为 6 ~ 7 月龄，体重 75 ~ 80 kg。后备母猪初配年龄为 7 ~ 8 月龄，体重达成年种猪体重的 55% 左右即可初配。

种公猪饲养管理

成年种公猪单栏饲养，每圈 6 ~ 7 m²，湿拌料或干料，日喂 2 次，供给充足清洁饮水。每天清扫圈舍 2 次，刷拭猪体 1 次。每天跑道中运动 1 h，达 2 km 左右。

青年公猪每周采精 1 ~ 2 次，休息 5 ~ 6 d；成年公猪每周采精 5 ~ 6 次，休息 1 ~ 2 d。非配种期每 15 d 采精 1 次，并进行精液品质检查。种公猪利用年限一般为 4 年左右。

妊娠母猪饲养管理

妊娠前期（配种至妊娠 84 d）和妊娠后期（妊娠 85 d 至产前）实行小群或单栏饲养，每天饲喂 2 ~ 3 次。视母猪体况采用限制饲喂，前期八成膘，后期九成膘，增喂青绿多汁饲料，每头 2 ~ 2.5 kg/d，不得饲喂霉变饲料。产前 7 d 调入产房；不要强行驱赶，防止打架、滑跌。

哺乳母猪饲养管理

产前、产后适当减料，产仔当天可不喂料，只喂温麸皮盐水汤。哺乳母猪泌乳量大，对偏瘦母猪可高于规定日喂量。

产前准备：产前 10 d 准备好产房、接产工具及药品。

分娩前后护理：母猪母性好、自理能力强，常规护理即可。保持环境安静，保证圈舍清洁干燥、空气新鲜。

哺乳仔猪饲养管理

人工辅助固定奶头，吃足初乳，弱小仔猪固定在前面 2 ~ 3 对奶头。2 ~ 3 日龄补铁、补硒。7 日龄开始诱食，及时补料，自动料槽自由采食。仔猪产出后迅速擦干口鼻及全身黏液，离腹部 5 cm 处断脐、消毒。产房应配有保温设施。母猪母性好，无须特殊防压设施。产仔多，应及时做好寄养工作。仔猪产后 12 h 内称重、编号，登记分娩记录。仔猪出生后即剪除犬齿、商品用猪断尾（纯种不断尾）。如不留种，15 日龄阉割。

■ 保育猪饲养管理

断奶后第一周内逐步过渡为保育料。全期实行自由采食、自由饮水。分群应每窝一栏，每头面积不少于 0.3 m²，全进全出。保持圈内温度 25 ℃ 以上，通风良好、清洁卫生、干燥。

■ 生长育肥猪饲养管理

喂料采用自动喂料系统，自由采食，饲喂量随体重增加而增加。采用自由饮水，饮用水要保持清洁。每栏 30～35 头，每头面积 0.5～0.8 m²。夏天做好防暑降温，冬天做好防寒保暖工作。生长育肥猪 240 日龄体重达 90 kg，出栏适宜体重 85～95 kg。

■ 疾病防治

按照《中华人民共和国动物防疫法》和 GB/T 8473 的各项规定，落实动物防疫措施。猪场规划要"三区两道"分开，有完善的排污及粪便处理系统。健全各项卫生、消毒（含圈舍、设备的清洗）制度。选用高效、安全、广谱、低残留的抗寄生虫药定期对不同猪群实施驱虫。各类猪根据场里制定的免疫计划进行免疫。

品种保护

2020 年，上海白猪被列入《上海市畜禽遗传资源保护名录》，在上海市奉贤区采用保种场的形式进行活体资源保护；同时，由上海市农业科学院畜牧兽医研究所上海市畜禽遗传资源基因库进行遗传材料保存，保存冷冻精液、体细胞及胚胎。

1987 年，由上海市农业科学院畜牧兽医研究所制定《上海白猪》（GB 8473—1987）国家标准，2008 年对原标准进行修订，由《上海白猪》（GB/T 8473—2008）代替原标准。

评价和利用

资源评价

上海白猪产仔数较高、瘦肉率适中、生长较快，作为母本配套生产的杜 × 长上三元杂交商品猪受到消费者欢迎和喜爱，今后仍可作为生产优质种猪的母本。

开发利用

据 1984 年报道，上海市农业科学院畜牧兽医研究所朱耀庭等试验，以长上杂种猪为母本、杜汉杂种猪为父本的四元杂交组合，其平均胴体瘦肉率达 65.51%，屠宰率 75.71%，肥育期平均日增重 624 g，1 kg 增重耗消化能 45 166.8 kJ。从产瘦肉性能来说，不仅比杜 × 长上三元杂交组占优，也比二元杂交中瘦肉最高的杜上杂交组高得多，这就表明，杜汉 × 长上四元杂交组是一个配合力较强、产瘦肉性能较高的瘦肉型杂交组合。

以上海白猪（农系）为母本、杜洛克猪为父本的杜上杂交组，其平均胴体瘦肉率为 61.66%，屠宰率 74.44%，肥育期平均日增重 658 g，1 kg 增重耗消化能 44 091.6 kJ。由此可见，在本试验中其表现仍然较好，其日增重最高，眼肌面积最大，屠宰率、膘厚仅次于杜汉 × 长上四元杂交组。

以长上杂种猪为母本、杜洛克猪为父本的三元杂交组，其平均胴体瘦肉率达 63.53%，屠宰率 74.33%，肥育期平均日增重 621 g，1 kg 增重耗消化能 41 160 kJ。可见其饲料报酬最高，胴体瘦肉率仅次于杜汉 × 长上四元杂交组，其他各项指标也达到一定的水平，说明杜长上三元杂交组合也是一个较好的瘦肉型杂交组合。

20 世纪 90 年代，以上海白猪为基础母本的"中猪"（体重 45 kg 左右），每年销往香港数量在 20 万头以上。在全国供港的"中猪"中，来自上海的"中猪"占 30% 左右。上海市郊供港猪生产起始于 1980 年，1986 年达 11 万头，1990 年达 23 万头。以上海白猪（农系）为母本、长白猪和杜洛克猪为父本的杂种猪生产的"中猪"作烤猪，具有皮脆、皮肉不分离、肉香味美等优点，深受消费者的欢迎。

利用上海白猪（农系）母本、用长白猪公猪作父本，生产"长上"杂交商品猪，生产的猪肉以"润庄猪肉"为品牌，深受广大消费者的喜爱。

为上海市农业科学院畜牧兽医研究所与中国农业科学院上海兽医研究所提供试验场所与实验猪。与上海鸣科医疗科技有限公司合作提供实验猪，全年提供370头实验猪。

图片资料

上海白猪 公猪

上海白猪 母猪

⑥ 香雪白猪

一般情况

▪ 品种名称及类型

香雪白猪（Xiangxue White pig）配套系，属培育品种。

▪ 品种分布

中心产区位于上海市浦东新区，浙江省嘉兴市也有分布。

培育过程

▪ 培育单位和参加培育单位

香雪白猪配套系是上海交通大学联合上海浦汇良种繁育科技有限公司、上海祥欣畜禽有限公司、浙江青莲食品股份有限公司，采用现代遗传育种技术，利用国内外两类优质遗传资源，历经 18 年攻关研究培育而成的优质猪配套系。2022 年 12 月通过国家畜禽遗传资源委员会审定，品种证书编号：农 01 新品种证字第 34 号。

▪ 育种素材和培育方法

香雪白猪配套系采用三系配套，各品系特点突出、遗传稳定。XP 系为父系（终端父本），以浦东白猪为育种素材；XL 系为母系父本，以长白猪为育种素材；XY 系为母系母本，以大白猪为育种素材。

香雪白猪配套系的培育自 2003 年立项，历经 18 年的培育，大致可分 3 个阶段：一是育种素材初步选育及其组合初筛（2003—2009 年）；二是专门化品系的选育及其配套组装（2010—2015 年）；三是专门化品系的提高与产业链建设（2016—2021年）。全程包括专门化品系的选育、最宜杂交组合筛选、中试与产业链建设等三大内容。

香雪白猪配套系的培育是科研单位与保种、育种、生产企业紧密合作、发挥各自优势的结果。在培育过程中，采用了常规保种与分子保种相结合的保种技术、BLUP 与 MAS、GS 相结合的遗传改良技术，采用了 B 超技术对肌内脂肪含量进行活体评定；采用了信息技术对整个育种工作进行监控和预测，从而形成了常规育种技术、分子生物技术和信息技术相结合的新的育种技术体系，提高了育种效率。配套系的配套模式如下。

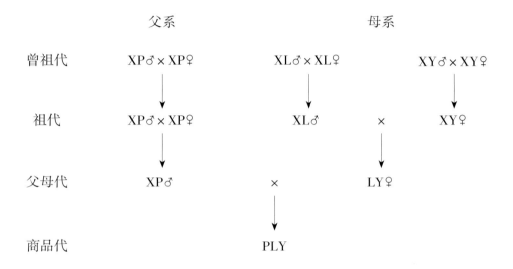

▪ 品种数量情况

经杭州萧山义蓬观荣生猪养殖场与浙江省武义本生农业开发有限公司 480 多窝、5 500 余头 PLY 商品猪中试，累计已销售 10 000 头左右商品猪。

体型外貌

▪ 体型外貌特征

（1）XP 系猪：全身被毛与皮肤白色，头面有菱形褶皱、垂耳，母猪背腰部微凹，四肢立系，乳头数 8 对以上。成年公猪体重 175～200 kg，母猪体重 150～175 kg。

（2）XL 系猪：全身皮毛白色，偶有少量暗黑斑点。体躯长，头小颈轻，嘴筒狭长，耳较大向前倾或下垂。背腰平直，后躯发达，腿臀丰满，整体呈前轻后重。体躯呈流线型，外观清秀美观，体质结实，四肢坚实。乳头数 7～8 对，排列整齐。

（3）XY 系猪：全身皮毛白色，偶有少量暗黑斑点。头大小适中，鼻面直或微凹，耳竖立，背腰平直。肢蹄健壮、前胛宽、背阔、后躯丰满，体躯呈长方形。乳头数 7～8 对。

（4）父母代（LY）母猪：全身被毛白色，头部较轻，嘴筒中长平直，额面少许皱纹，耳中等大小、微垂、前倾。背腰平直，腹部不下垂，四肢结实，体躯结合良好。乳头 7～8 对，排列整齐。

（5）配套系商品猪（PLY）：全身被毛白色。头轻嘴直，耳中等大小。腹背平直，体躯结合良好，腿、臀发达。

生产性能

XP 系猪

（1）繁殖性能：母猪于 4 月龄时达性成熟，7 月龄体重超过 70～75 kg 时开始初配。母猪初产仔数 10～12 头，产活仔数 9～11 头，仔猪初生重 0.95 kg；经产仔数 12～14 头，产活仔数 11～13 头，仔猪初生重 1.00 kg。公猪在 2 月龄时开始有爬跨现象，6 月龄体重达 75 kg 时可以开始配种。

（2）生长发育性能：公猪 6 月龄体重 75 kg，母猪 70 kg。

（3）育肥性能：在 20～85 kg 育肥阶段日增重 550 g 以上，体重 85 kg 的活体背膘厚 4.2 cm。

（4）胴体品质：育肥猪在体重 85 kg 左右屠宰时，屠宰率 66.0%，胴体瘦肉率 42.6%，6～7 肋膘厚 3.1～3.5 cm，皮厚 0.53～0.55 cm。无 PSE 或 DFD 肉。

XL 系猪

（1）繁殖性能：母猪适宜初配年龄为 7 月龄，初配体重 140 kg，成年母猪体重

210 kg。母猪初产仔数 11 头，经产仔数 12 头；21 日龄窝重，初产为 60 kg，经产为 70 kg。

（2）生长发育性能：达 100 kg 体重日龄 165 d，活体背膘厚 11.5 mm，料重比 2.3。

（3）胴体品质：100 kg 体重屠宰率 73%、眼肌面积 40 cm²、瘦肉率 65%，无 PSE 或 DFD 肉。

■ XY 系猪

（1）繁殖性能：母猪适宜初配年龄为 7 月龄，初配体重 140 kg，成年母猪体重 205 kg。母猪初产仔数 11.5 头，经产仔数 12.5 头；21 日龄窝重，初产为 63 kg，经产为 72 kg。

（2）生长发育性能：达 100 kg 体重日龄 165 d，活体背膘厚 12 mm，料重比 2.3。

（3）胴体品质：100 kg 体重屠宰率 72%、眼肌面积 39 cm²、瘦肉率 64%，无 PSE 或 DFD 肉。

■ 父母代母猪 LY

（1）繁殖性能：适宜初配年龄为 7 月龄，初配体重 140 kg，成年体重 210 kg。母猪初产仔数 12 头，经产仔数 13 头；21 日龄窝重，初产为 66 kg，经产为 78 kg。

（2）生长发育性能：达 100 kg 体重日龄 160 d，活体背膘厚 12.5 mm，料重比 2.3。

（3）胴体品质：100 kg 体重屠宰率 73%、眼肌面积 40 cm²、瘦肉率 65%，无 PSE 或 DFD 肉。

杭州萧山义蓬观荣生猪养殖场 2016—2018 年三年与配公猪为 XP 的 43 窝初产、220 窝经产的总产仔数、产活仔数、出生窝重统计结果见表 1。

表1·父母代母猪繁殖性能

项　　目	样本量（窝）	数　　值
初产总产仔数（头／窝）	43	12.70 ± 1.25
初产产活仔数（头／窝）	43	12.10 ± 1.50
初产初生窝重（kg）	43	16.50 ± 2.19

（续表）

项　　目	样本量（窝）	数　　值
初产断奶窝重（kg）	36	65.50 ± 13.29
经产总产仔数（头/窝）	220	13.30 ± 1.99
经产产活仔数（头/窝）	220	12.60 ± 1.99
经产初生窝重（kg）	220	18.50 ± 2.85
经产断奶窝重（kg）	206	69.60 ± 11.11

■ 商品猪 PLY

（1）育肥性能：达 90 kg 体重日龄 190 d，日增重 615 g，料重比 3.2。

（2）胴体品质：90 kg 体重屠宰率 73%、眼肌面积 31 cm^2、瘦肉率 57%，无 PSE 或 DFD 肉。

武义本生农业开发有限公司共育肥 PLY228 窝 2 450 余头商品猪，其中对第一批中试的 18 窝仔猪进行育肥试验，结果见表 2。

表 2 · 商品猪 PLY 育肥性能

项　　目	数　　值		
日龄（d）	21 ~ 60	60 ~ 100	100 ~ 160
平均初重（kg）	6.30	24.30	47.20
平均末重（kg）	24.30	47.20	91.20
平均日增重（kg）	0.45	0.57	0.73
料重比	1.58	2.34	3.50
全程料重比		3.20	
全程日增重（g）		580	

农业农村部种猪质量监督检验测试中心（武汉）屠宰测定平均体重 114.6 kg ± 8.55 kg 的 40 头 PLY 商品猪胴体性能统计数据见表 3。

表3·商品猪 PLY 屠宰性能和肉品质

项　目		数　值
屠宰率（%）		74.40 ± 2.49
瘦肉率（%）		51.10 ± 3.31
胴体长（cm）		94.90 ± 3.26
皮厚（mm）		3.80 ± 0.88
背膘厚（mm）		33.60 ± 4.05
腿臀比例（%）		30.30 ± 1.04
脂率（%）		29.60 ± 4.06
骨率（%）		10.52 ± 0.91
皮率（%）		8.80 ± 0.71
眼肌面积（cm^2）		35.87 ± 3.47
肉色	比色板评分	3.40 ± 0.36
	L	45.35 ± 3.51
	a	3.66 ± 0.67
	b	10.18 ± 1.09
大理石纹		2.60 ± 0.42
pH_1		6.17 ± 0.27
pH_{24}		5.77 ± 0.12
滴水损失（%）		2.16 ± 0.39
系水力（%）		89.45 ± 7.32
失水率（%）		7.77 ± 0.92
肌内脂肪（%）		2.63 ± 0.42
嫩度（kg·f）		54.90 ± 10.12

品种特性和推广应用

香雪白猪配套系既有地方猪种肉质优异、抗病力强的突出特点，又有引进猪种生产效率高的显著优点，其繁殖力高、环境适应力强、适于规模化和集约化饲养。

　　饲养管理参照《香雪白猪配套系繁殖配种技术规范》《香雪白猪配套系饲养技术规范》和《香雪白猪配套系兽医卫生与疫病防控技术规范》实施。

评价和利用

　　香雪白猪配套系的培育有助于保护利用地方猪种资源，同时发展特色猪业，满足差异化猪肉市场对优质风味猪肉的需求。

　　香雪白猪配套系由于刚通过审定，虽然已初步建立了完整的繁育体系、形成了一定的产业化开发能力，但猪种影响力、品牌创建、营销网络构建、产品营销策略等还有待加强和完善。今后，一要加强政府政策引导，增加产业开发资金投入；二要加强研发单位与龙头企业、养殖基地三方的合作，创新运行机制，形成紧密的利益共同体，进一步强化新品种营养需求、标准化适度养殖模式研究，扩大标准化；三要加大宣传力度，增加企业营销投入，提高香雪白猪及其产品的市场影响力和占有率，满足市场多元化需求。

图片资料

香雪白猪配套系　父母代母猪（LY）

香雪白猪配套系 商品猪（PLY）

7 大白猪

一般情况

■ 品种名称及类型

大白猪（Large White pig），也称大约克夏猪（Large Yorkshire pig），属引入品种，为瘦肉型猪。

■ 原产国及在我市的分布情况

大白猪原产于英国的约克郡（Yorkshire）及英格兰北部的邻近地区。约克夏猪分为大、中、小三型，目前世界分布最广的是大约克夏猪。因其体型大、毛色全白，故又名大白猪，是世界著名的瘦肉型猪种。

我国至 1973 年先后引入大白猪数百头，分配于华中、华东、华南等地区，目前已分布于全国各地。

21 世纪以来，上海从法国、美国、加拿大等国直接引进了大白猪，目前主要分布在浦东新区的上海祥欣畜禽有限公司、上海农场的光明农牧科技有限公司、崇明区的上海沁侬牧业科技有限公司和松江区的上海松林畜禽养殖专业合作社（种猪场）内。

品种形成与发展

品种形成历史

大白猪是以英国当地的猪种为母本，引入中国广东猪种和本国莱赛斯特猪杂交育成，1852 年正式确定为新品种。

品种引进时间及引进单位

我国最早在 20 世纪初引入约克夏猪，原中央大学曾于 1936—1938 年引进大约克夏猪与其他外来品种猪进行比较观察。20 世纪 50 年代在上海、江苏一带曾饲养过少量的大约克夏猪，后来与中约克夏猪混杂而消亡。1957 年我国曾由澳大利亚引入大约克夏猪 40 头，饲养在广州燕塘农场。1967 年又一次从英国引种，至 1973 年先后引入大白猪数百头，分配于华中、华东、华南等地区，经繁殖，其后代被引种至全国。近 30 年来，我国相继从英国、法国、美国、加拿大、丹麦、瑞典等国引进了大量的大白猪。

引进数量

1997 年上海市种猪场从法国引进法系大约克夏猪。而后，上海祥欣畜禽有限公司、上海万谷种猪育种有限公司于 2005 年分别从美国引进美系大约克夏猪、从法国引进法系大约克夏猪。2013 年上海祥欣畜禽有限公司从美国引进大白猪 504 头，经长期选育改良，保留并提升大白猪的优良性状及生产性能，祥欣的大白猪群体登记注册为上海市乃至全国遗传评估中心优良种猪群体。目前主要饲养于上海祥欣东滩国家生猪核心育种场，种猪群体规模稳定保持在 2 000 头母猪、100 头公猪，共 25 个血统左右。

2012 年，光明农牧科技有限公司从法国引进公猪 16 头、母猪 230 头。2011 年，上海沁侬牧业科技有限公司种猪一场从加拿大引进公猪 16 头、母猪 313 头；2013 年，上海沁侬牧业科技有限公司种猪二场从法国引进公猪 16 头、母猪 163 头。2011 年，上海松林畜禽养殖专业合作社从法国引进大约克夏猪 A 系公猪 12 头、母猪 306 头，B 系公猪 12 头、母猪 75 头，E 系公猪 12 头、母猪 83 头。

体型外貌

■ 体型外貌特征

全身被毛白色，耳直立，四肢较高且结实强壮；体型匀称，背腰和腹部平直，臀部丰满；母猪平均乳头数 7 对，有效乳头 12 个，乳头大小中等、排列整齐。整体具有良好的肉用型体态。

■ 体重和体尺

2022 年，上海祥欣畜禽有限公司东滩国家生猪核心育种场测定了 70 头上海祥欣大白猪成年种猪体重和体尺，结果见表 1。

表1·体重和体尺

项　　目	公	母
数量（头）	20	50
日龄（d）	848.65 ± 107.75	846.74 ± 158.52
体重（kg）	323.13 ± 16.74	270.98 ± 29.06
体高（cm）	92.28 ± 3.01	83.92 ± 3.51
体长（cm）	166.03 ± 4.52	157.50 ± 4.92
胸围（cm）	158.78 ± 5.06	157.86 ± 7.61

生产性能

生长发育性能

大白猪仔猪出生重 1.3 ~ 2.4 kg，平均 1.77 kg；21 日龄断奶重 6.9 ~ 10.6 kg，平均 8.18 kg；30 kg 体重日龄 64.3 ~ 87.4 d，平均 74.36 d；达 100 kg 体重日龄 146.3 ~ 158.7 d，平均 151.23 d；100 kg 校正背膘厚 8.5 ~ 19.31 mm，平均 13.21 mm；眼肌面积 29.2 ~ 45 cm²，平均 35.97 cm²。具体数据见表 2。

表 2 · 生长发育性能

项　　目	数　　值
测定数量（头）	30
初生重（kg）	1.77 ± 0.27
断奶日龄（d）	21
校正 21 日龄重（kg）	8.18 ± 0.92
校正达 30 kg 日龄（d）	74.36 ± 6.02
校正达 100 kg 日龄（d）	151.23 ± 2.78
校正达 100 kg 背膘厚（mm）	13.21 ± 2.90
校正达 100 kg 眼肌面积（cm²）	35.97 ± 4.07

育肥性能

自由采食条件下，育肥期日增重可达 826.8 ~ 1 164.7 g，平均 945.94 g；育肥期料重比平均 2.34。具体数据见表 3。

表 3 · 育肥性能

项　　目	数　　值
测定数量（头）	30
育肥起测日龄（d）	88.6 ± 10

（续表）

项　目	数　值
育肥起测体重（kg）	34.76 ± 6.39
育肥结测日龄（d）	155.53 ± 7.24
育肥结测体重（kg）	98.16 ± 4.75
育肥期耗料量（kg）	148.50 ± 14.19
育肥期日增重（kg）	945.94 ± 90.59
育肥期料重比	2.34 ± 0.19

■ 屠宰性能和肉品质

2017年，上海祥欣大白猪体重110 kg时屠宰率70% ~ 80%，平均72.86%；瘦肉率平均68.86%；无灰白、柔软、渗水、暗黑、干硬等劣质肉。具体数据见表4和表5。

表4·屠宰性能

项　目	数　值
测定数量（头）	20
屠宰日龄（d）	167.45 ± 11.02
宰前活重（kg）	111.70 ± 10.24
右胴体重（kg）	41.46 ± 4.22
左胴体重（kg）	40.01 ± 3.97
胴体总重（kg）	81.43 ± 8.19
胴体长（cm）	95.45 ± 6.04
肩部最厚处背膘厚（mm）	31.27 ± 5.25
最后肋骨处背膘厚（mm）	15.50 ± 3.02
腰荐结合处背膘厚（mm）	21.96 ± 5.14
平均背膘厚（mm）	22.65 ± 3.39
6 ~ 7 肋处皮厚（mm）	2.60 ± 0.36

（续表）

项　目	数　值
眼肌面积（cm^2）	49.09 ± 3.73
皮重（kg）	2.93 ± 0.66
皮率（%）	7.31 ± 1.42
骨重（kg）	4.73 ± 0.38
骨率（%）	11.88 ± 1.05
肥肉重（kg）	4.49 ± 0.90
肥肉率（%）	11.17 ± 1.49
瘦肉重（kg）	27.55 ± 2.84
瘦肉率（%）	68.86 ± 2.07
屠宰率（%）	72.86 ± 1.50
肋骨数（对）	14.40 ± 0.73

表5·肉品质

项　目	数　值
测定数量（头）	20
肉色（实测 L 值）	45.68 ± 5.60
pH$_1$	6.11 ± 0.41
pH$_{24}$	5.64 ± 0.13
滴水损失（%）	15.65 ± 5.46
肌内脂肪（%）	1.95 ± 0.42
嫩度（kg·f）	4.71 ± 0.78

▪ 繁殖性能

上海祥欣畜禽有限公司大白猪公猪和母猪的性成熟日龄均为 210 d；公猪初配日龄 270 d，体重 160 kg；母猪初配日龄为 230 d，体重 140 kg。初产窝产总产仔数 12 头，窝产活仔数 11 头，初产窝重 15.4 kg；经产母猪平均窝产总仔数 13.2 头，平均窝产活仔数 12.6 头，经产初生窝重 18.0 kg，经产断奶日龄 21 d，经产断奶仔猪数 11.5 头，经产仔猪成活率 95.8%，经产断奶窝重 80.0 kg。年产胎次 2.3 胎，种猪可利用胎次达到 8 胎次，公猪利用年限 2 年。母猪发情周期为 21 d，妊娠期 115 d。公猪采精量 244.4 ml，精子活力 80%，精子密度 4.1 亿个 /ml。

适应性及饲养管理要求

上海祥欣畜禽有限公司的大白猪从美国引进到上海浦东地区后，经过多年本土驯化，适应性强，保持了良好的健康状态，未感染过重大动物疫病。按照国家《瘦肉型种猪生产技术规范》（GB/T 25883—2010）实施，该品种在上海祥欣东滩国家生猪核心育种场，实施现代化、规模化、集约化封闭式分阶段饲养管理。

在我国的研究与利用现状

目前，上海祥欣大白猪种猪群体饲养于上海祥欣东滩国家生猪核心育种场，存栏母猪 2 000 头、公猪 100 头，包含 25 个血统。上海祥欣畜禽有限公司持续制定科学育种方案和改良利用计划，持续规范开展性能测定与选育，不断提高祥欣大白猪群体规模和生产性能，参与上海市及全国遗传评估中心种猪核心群的登记注册。经过多年培育和市场推广，上海祥欣大白猪已经在行业内形成良好口碑，成为行业著名品牌，被评为"上海名牌产品"，推广销售到全国 20 多个省份。同时，上海祥欣畜禽有限公司将进一步扩大育种核心群体规模，向国内生猪主产区推广销售祥欣大白猪种猪。

评价和利用

上海祥欣大白猪具有鲜明的母系种猪特点，具有产仔数多、泌乳性能好、生长快、饲料报酬高、瘦肉率高、眼肌面积大等优点，是优秀的三元配套系母系母本。

图片资料

大白猪 公猪

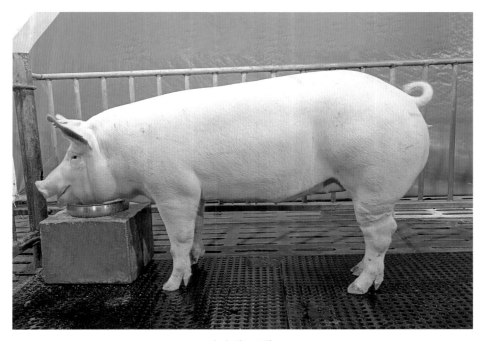

大白猪 母猪

⑧ 长白猪

一般情况

■ 品种名称及类型

长白猪（Landrece pig），也称兰德瑞斯猪，属引入品种，为瘦肉型猪。

■ 原产国及在我国的分布情况

长白猪原产于丹麦，其体躯长、被毛全白，在我国通称长白猪。

自 1964 年我国农业部首次引入长白猪后，截至 1980 年，合计引进长白猪近千头，分养于浙江、河南、湖南、湖北、广东、河北等省。

品种形成与发展

■ 品种形成历史

长白猪是 1887 年起用大约克夏猪与丹麦土种猪杂交经长期选育而成。1961 年为丹麦全国唯一推广品种，是目前世界分布很广的瘦肉型品种。

■ 品种引进时间及引进单位

1964 年我国农业部首次由瑞典引入长白猪公、母猪各 10 头，饲养于浙江省杭州市种猪试验场、河北省涿县试验站和广东省农业厅种猪场。1966 年 4 月农业部又从瑞典引进第二批，1967 年 2 月从英国引进第三批、5 月从荷兰引进第四批、8 月从法国引进第五批。各省（自治区、直辖市）也有自行引进的长白猪，如浙江省于 1965 年 3 月从日本引入 100 头长白猪。自丹麦解除长白猪出口禁令后，1980 年 5 月外贸部从丹麦引入 300 余头长白猪，此后各地又零星引入。1955 年后，我国相继从丹麦、法国、美国、加拿大、瑞典等国引进了大量长白猪。

引进数量

1997 年，上海市种猪场引进丹系长白猪；2002 年上海祥欣畜禽有限公司从广东引进美系 4 个血统，2005 年从美国引进 7 个血统，同年又从美国引进美系 4 个血统，2009 年从广西永新引进美系 6 个血统。2013 年引进美国长白猪种群 175 头。目前，种猪群体规模稳定保持在 400 头母猪、70 头公猪，有 13 个血统。

2012 年，光明农牧科技有限公司从法国引进公猪 5 头、母猪 15 头；2011 年，上海沁侬牧业科技有限公司种猪一场引进长白猪公猪 12 头、母猪 136 头；2013 年，上海沁侬牧业科技有限公司种猪二场引进长白猪公猪 16 头、母猪 155 头。

体型外貌

体型外貌特征

全身被毛白色，体躯呈楔形，前轻后重。头小，鼻梁长，两耳大多向前平伸。胸宽深适度，背腰特长，背线微呈弓形，腹线平直，后躯丰满。乳头大小中等、排列整齐，母猪平均乳头数 7 对，有效乳头数 12 个。四肢中等，较为结实。

体重和体尺

2022 年，在上海祥欣畜禽有限公司东滩国家生猪核心育种场测定了 70 头上海祥欣长白猪成年种猪的体重和体尺，结果见表 1。

表 1 · 体重和体尺

项 目	公	母
测定数量（头）	20	50
日龄（d）	869.15 ± 138.66	799.00 ± 174.07
体重（kg）	316.35 ± 23.23	249.60 ± 24.02
体高（cm）	88.68 ± 4.56	81.73 ± 4.00
体长（cm）	166.53 ± 6.97	152.80 ± 6.08
胸围（cm）	155.13 ± 7.37	158.95 ± 5.91

生产性能

■ 生长发育性能

上海祥欣长白猪仔猪出生重 1.3 ~ 2.4 kg，均重 1.78 kg；21 日龄断奶重 6.2 ~ 8.9 kg，均重 7.98 kg；达 30 kg 体重日龄 58.3 ~ 86.7 d，平均 70.14 d；达 100 kg 体重日龄 140.6 ~ 160.6 d，平均 149.20 d；100 kg 校正背膘厚 8.7 ~ 19.8 mm，平均 13.25 mm；眼肌面积 27.6 ~ 45.2 cm²，平均 35.91 cm²。具体数据见表 2。

表 2 · 生长发育性能

项　　目	数　　值
测定数量（头）	30
初生重（kg）	1.78 ± 0.26
断奶日龄（d）	21
校正 21 日龄重（kg）	7.98 ± 0.61
校正达 30 kg 日龄（d）	70.14 ± 5.62
校正达 100 kg 日龄（d）	149.20 ± 3.51
校正达 100 kg 背膘厚（mm）	13.25 ± 2.70
校正达 100 kg 眼肌面积（cm²）	35.91 ± 4.46

■ 育肥性能

自由采食条件下，育肥期日增重可达 824.6 ~ 1 108.3 g，平均 917.83 g；育肥期料重比平均 2.38。具体数据见表 3。

表 3 · 育肥性能

项　　目	数　　值
测定数量（头）	30
育肥起测日龄（d）	89.93 ± 8.04

（续表）

项　目	数　值
育肥起测体重（kg）	36.90 ± 6.00
育肥结测日龄（d）	158.00 ± 7.90
育肥结测体重（kg）	99.79 ± 3.12
育肥期耗料量（kg）	149.34 ± 14.47
育肥期日增重（kg）	917.83 ± 66.45
育肥期料重比	2.38 ± 0.22

■ 屠宰性能和肉品质

2017 年，祥欣长白猪体重 110 kg 时屠宰率 70% ~ 75%，平均 74.44%；瘦肉率平均 67.49%。祥欣长白猪肉质优良，无灰白、柔软、渗水、暗黑、干硬等劣质肉。具体数据见表 4 和表 5。

表 4 · 屠宰性能

项　目	数　值
测定数量（头）	20
屠宰日龄（d）	164.45 ± 11.54
宰前活重（kg）	110.96 ± 14.17
右胴体重（kg）	41.93 ± 5.86
左胴体重（kg）	40.80 ± 5.70
胴体总重（kg）	82.68 ± 11.53
胴体长（cm）	93.75 ± 5.37
肩部最厚处背膘厚（mm）	24.47 ± 3.25
最后肋骨处背膘厚（mm）	13.23 ± 3.45
腰荐结合处背膘厚（mm）	19.84 ± 2.89
平均背膘厚（mm）	19.18 ± 2.53
6 ~ 7 肋处皮厚（mm）	2.48 ± 0.47
眼肌面积（cm²）	52.00 ± 3.12

（续表）

项　目	数　值
皮重（kg）	2.96 ± 0.46
皮率（%）	7.27 ± 0.88
骨重（kg）	4.60 ± 0.48
骨率（%）	11.35 ± 1.02
肥肉重（kg）	5.20 ± 1.55
肥肉率（%）	12.60 ± 2.64
瘦肉重（kg）	27.51 ± 3.85
瘦肉率（%）	67.49 ± 2.76
屠宰率（%）	74.44 ± 2.49
肋骨数（对）	14.85 ± 0.79

表5·肉品质

项　目	数　值
测定数量（头）	20
肉色（实测 L 值）	47.69 ± 7.39
pH_1	5.99 ± 0.45
pH_{24}	5.58 ± 0.08
滴水损失（%）	18.20 ± 10.69
肌内脂肪（%）	2.13 ± 0.36
嫩度（kg·f）	4.03 ± 0.90

■ 繁殖性能

上海祥欣畜禽有限公司长白猪公猪和母猪的性成熟日龄均为 210 d；公猪初配日龄为 270 d，体重 160 kg；母猪初配日龄为 230 d，体重 140 kg。初产窝产总产仔数 11.6 头，窝产活仔数 10.9 头，初产窝重 15.7 kg；经产母猪平均窝产总仔数 12.2 头，平均窝产活仔数 11.3 头，经产初生窝重 17.2 kg，经产断奶日龄 21 d，经产断奶仔猪数 10.7 头，经产仔猪成活率 97.3%，经产断奶窝重 73.9 kg。年产胎次 2.3 胎，种猪可利用胎次达到 8 胎次，公猪利用年限 2 年。母猪发情周期为 21 d，妊娠期 116 d。公猪采精量 236.2 ml，精子活力 80%，精子密度 4.3 亿个 /ml。

适应性及饲养管理要求

上海祥欣畜禽有限公司的长白猪从美国引进到上海浦东后，经过多年本土驯化，适应性强，保持了良好的健康状态，未感染过重大动物疫病。按照国家《瘦肉型种猪生产技术规范》（GB/T 25883—2010），该品种在上海祥欣东滩国家生猪核心育种场，实施现代化、规模化、集约化封闭式分阶段饲养管理。

在我市的研究与利用现状

目前，上海祥欣长白猪种猪群体饲养于上海祥欣东滩国家生猪核心育种场，存栏母猪 400 头、公猪 70 头，包含 13 个血统。上海祥欣畜禽有限公司持续制定科学育种方案和改良利用计划，持续规范开展性能测定与选育，不断提高长白猪群体规模和生产性能，参与到上海市及全国遗传评估中心种猪核心群的登记注册。

经过多年选育和市场推广，上海祥欣长白猪已经在行业内形成良好口碑，成为行业著名品牌，被评为"上海名牌产品"，推广销售到全国 20 多个省份。同时，上海祥欣畜禽有限公司将进一步扩大育种核心群体规模，向国内生猪主产区推广销售祥欣长白猪种猪。

评价和利用

经多年选育，目前上海祥欣畜禽有限公司的长白种猪生产性能优良，具有鲜明的母系种猪种质特性。长白猪具有产仔数多、泌乳性能好、生长快、饲料利用率高、瘦肉率高、眼肌面积大等特点。祥欣公司将进一步扩大育种核心群数量，并通过种猪销售形式，向国内生猪主产区推广应用祥欣长白种猪。

图片资料

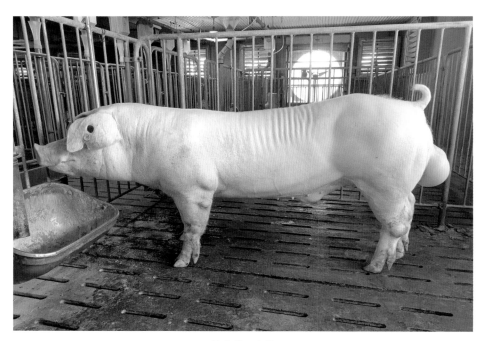

长白猪　公猪

长白猪　母猪

⑨ 杜洛克猪

一般情况

品种名称及类型

杜洛克猪（Duroc pig），属引入品种，为瘦肉型猪。

原产国及在我国的分布情况

杜洛克猪起源于美国的东北部，广泛分布于世界各地。

21世纪以来，我国相继从美国、加拿大、丹麦和我国台湾地区引进了大量的杜洛克猪，其中从美国和我国台湾引进的杜洛克猪数量居多，分布于全国各地。

品种形成与发展

品种形成历史

杜洛克猪由不同的红色猪种组成基础群，其中纽约的杜洛克猪和新泽西的泽西红毛猪对该品种的贡献最大。泽西红毛猪是19世纪早期在新泽西育成的大体型、粗糙、多产的红色猪种。杜洛克猪体型较小、结构紧凑，且性情温驯。从1860年开始，这两种红毛猪类群融合在一起，于1883年成立了Duroc-Jersey登记协会，经长期选育形成了现在知名的杜洛克猪品种。

品种引进时间及引进单位

我国早在1936年就由许振英引入脂肪型杜洛克猪，美国总统尼克松1972年访华时第一次送给我国肉用型杜洛克猪，1978年和1982年我国又从美国、日本、匈牙利等国引入数百头杜洛克猪，形成了"美系"和"匈系"杜洛克猪。

■ 引进数量

1978 年上海从河南引入杜洛克猪开始用于养猪生产。上海万谷猪育种有限公司于 2003 年和 2008 年两次引进美系杜洛克猪，2005 年上海祥欣畜禽有限公司从美国引进 6 个血统。2013 年引进美国杜洛克猪种群 186 头，目前种猪群体规模稳定保持在 1 200 头母猪、100 头公猪，19 个血统。

2012 年，光明农牧科技有限公司从加拿大引进杜洛克公猪 30 头、母猪 100 头。2011 年，上海沁侬牧业科技有限公司种猪一场引进杜洛克公猪 12 头、母猪 62 头。

体型外貌

■ 体型外貌特征

全身被毛以棕色为主，整体结构匀称、紧凑，体躯深广，四肢强健、粗壮，肌肉发达。头中等大小，面部稍凹，嘴筒短直。耳中等大小，前倾，耳尖稍弯曲。胸部宽深，背腰略呈拱形，腹部平直。公猪包皮较短，睾丸匀称、突出，附睾明显；母猪外阴部大小适中，一般有 6 对乳头。

■ 体重和体尺

2022 年，在上海祥欣畜禽有限公司东滩国家生猪核心育种场测定了 70 头上海祥欣杜洛克猪成年种猪的体重和体尺，结果见表 1。

表 1 · 体重和体尺

项　目	公	母
测定数量（头）	20	50
日龄（d）	825.20 ± 105.62	830.66 ± 225.05
体重（kg）	319.95 ± 18.27	269.22 ± 25.36
体高（cm）	90.50 ± 4.11	87.16 ± 3.38
体长（cm）	160.88 ± 5.47	154.45 ± 5.64
胸围（cm）	157.43 ± 6.19	160.87 ± 7.95

生产性能

■ 生长发育性能

2022 年，上海祥欣杜洛克猪仔猪出生重 1.3 ~ 2.5 kg，平均 1.86 kg；21 日龄断奶重 6.3 ~ 9.6 kg，平均 8.07 kg；达 30 kg 体重日龄 55.2 ~ 87.2 d，平均 74.24 d；达 100 kg 体重日龄 143.5 ~ 154.2 d，平均 150.47 d；100 kg 校正背膘厚 8.2 ~ 15.8 mm，平均 11.89 mm；眼肌面积 31.3 ~ 45.7 cm²，平均 39.89 cm²。具体数据见表 2。

表 2 · 生长发育性能

项　目	数　值
测定数量（头）	30
初生重（kg）	1.86 ± 0.30
断奶日龄（d）	21
校正 21 日龄重（kg）	8.07 ± 0.71
校正达 30 kg 日龄（d）	74.24 ± 6.46
校正达 100 kg 日龄（d）	150.47 ± 2.58
校正达 100 kg 背膘厚（mm）	11.89 ± 1.78
校正达 100 kg 眼肌面积（cm²）	39.89 ± 3.67

■ 育肥性能

2022 年，自由采食条件下，育肥期日增重可达 1 000 g 左右，育肥期料重比平均 2.35。具体数据见表 3。

表 3 · 育肥性能

项　目	数　值
测定数量（头）	30
育肥起测日龄（d）	89.10 ± 7.17

（续表）

项　目	数　值
育肥起测体重（kg）	33.91 ± 6.70
育肥结测日龄（d）	157.17 ± 10.15
育肥结测体重（kg）	102.01 ± 1.23
育肥期耗料量（kg）	159.75 ± 19.12
育肥期日增重（kg）	998.57 ± 60.98
育肥期料重比	2.35 ± 0.14

▪ 屠宰性能和肉品质

2017 年，上海祥欣杜洛克猪 110 kg 体重屠宰时，屠宰率 70% ~ 75%，平均 72.21%；瘦肉率平均 69.53%。祥欣杜洛克猪肉质优良，无灰白、柔软、渗水、暗黑、干硬等劣质肉。具体数据见表 4 和表 5。

表4 · 屠宰性能

项　目	数　值
测定数量（头）	20
屠宰日龄（d）	162.65 ± 11.37
宰前活重（kg）	108.34 ± 10.77
右胴体重（kg）	39.67 ± 4.30
左胴体重（kg）	38.64 ± 4.11
胴体总重（kg）	78.25 ± 8.40
胴体长（cm）	89.35 ± 5.50
肩部最厚处背膘厚（mm）	30.30 ± 5.58
最后肋骨处背膘厚（mm）	15.18 ± 3.56
腰荐结合处背膘厚（mm）	20.97 ± 3.00
平均背膘厚（mm）	22.14 ± 2.79
6 ~ 7 肋处皮厚（mm）	2.89 ± 0.52
眼肌面积（cm²）	55.21 ± 4.35

（续表）

项　目	数　值
皮重（kg）	3.29 ± 0.50
皮率（%）	8.54 ± 1.09
骨重（kg）	4.84 ± 0.46
骨率（%）	12.56 ± 0.85
肥肉重（kg）	3.30 ± 1.21
肥肉率（%）	8.42 ± 2.44
瘦肉重（kg）	26.85 ± 2.75
瘦肉率（%）	69.53 ± 1.94
屠宰率（%）	72.21 ± 1.94
肋骨数（对）	14.25 ± 0.70

表5·肉品质

项　目	数　值
测定数量（头）	20
肉色（实测 L 值）	46.45 ± 1.75
pH_1	6.07 ± 0.40
pH_{24}	5.68 ± 0.09
滴水损失（%）	9.90 ± 2.02
肌内脂肪（%）	1.98 ± 0.50
嫩度（kg·f）	4.51 ± 0.91

■ 繁殖性能

2022 年，上海祥欣畜禽有限公司杜洛克公猪和母猪的性成熟日龄均为 210 d，公猪初配日龄为 270 d，体重 160 kg；母猪初配日龄为 230 d，体重 140 kg。祥欣杜洛克猪初产窝产总仔数 8.6 头，窝产活仔数 8 头，初产窝重 12.5 kg；经产母猪平均窝产总仔数 9.6 头，平均窝产活仔数 8.8 头，经产初生窝重 13.9 kg，经产断奶日龄

21 d，经产断奶仔猪数 8.3 头，经产仔猪成活率 97.0%，经产断奶窝重 59.8 kg。年产胎次 2.3 胎，种猪可利用胎次达到 6 胎次，公猪利用年限 2 年。母猪发情周期为 21 d，妊娠期 115 d。公猪采精量 193.3 ml，精子活力 80%，精子密度 4.8 亿个 /ml。

适应性及饲养管理要求

杜洛克猪从美国引进到上海浦东后，经过多年本土驯化，适应性强，保持了良好的健康状态，未感染过重大动物疫病。按照国家《瘦肉型种猪生产技术规范》（GB/T 25883—2010）实施，该品种在上海祥欣东滩国家生猪核心育种场，实施现代化、规模化、集约化封闭式分阶段饲养管理。

在我市的研究与利用现状

目前上海祥欣杜洛克猪种猪群体饲养于上海祥欣东滩国家生猪核心育种场，存栏母猪 1 200 头、公猪 100 头，包含 19 个血缘。上海祥欣畜禽有限公司持续制定科学育种方案和改良利用计划，持续规范开展性能测定与选育，不断提高祥欣杜洛克猪群体规模和生产性能，参与到上海市乃至全国遗传评估中心种猪核心群的登记注册。该品种经过多年的选育及市场推广，在行业内形成了良好的口碑，已打造成为行业著名的"祥欣"牌杜洛克种猪，同时该品种被评为"上海名牌产品"。多年来，上海祥欣畜禽有限公司的杜洛克种猪已推广销售到国内 20 多个省份。

评价和利用

经多年选育，目前上海祥欣畜禽有限公司的杜洛克种猪生产性能突出，具有鲜明的父系种猪种质特性。祥欣杜洛克具有生长速度快、瘦肉率高、胴体品质好、饲料报酬高等优点，目前主要用作瘦肉型商品猪生产的终端父本。祥欣公司将进一步扩大育种核心群数量，并通过种猪销售形式，向国内生猪主产区推广应用祥欣杜洛克种猪。

图片资料

杜洛克猪 公猪

杜洛克猪 母猪

牛

① 上海水牛

一般情况

▪ 品种名称及类型

上海水牛（Shanghai buffalo），属地方品种，为役肉兼用型水牛。

▪ 原产地、中心产区及分布

上海水牛原产于上海的嘉定、宝山、奉贤和崇明等地。目前，主要分布在崇明区，中心产区在崇明区的中兴镇、陈家镇及附近的崇明现代农业园区等区域。

▪ 产区自然生态条件

崇明区由崇明、长兴、横沙三岛组成，陆域总面积 1 413 km²。三面环江，一面临海，西接长江，东濒东海，南与浦东新区、宝山区及江苏省太仓市隔水相望，北与江苏省海门市、启东市一衣带水。地处北亚热带，气候温和湿润，年平均气温 16.5℃，日照充足，雨水充沛，四季分明。全域水土洁净，空气清新，生态环境优良。

崇明岛位于西太平洋沿岸中国海岸线的中点地区，地理位置在东经121°09′30″~121°54′00″、北纬31°27′00″~31°51′15″，地处中国最大河流长江入海口，是世界最大的河口冲积岛，也是中国仅次于台湾岛、海南岛的第三大岛屿，素有"长江门户、东海瀛洲"之称。全岛面积1 269.1 km²，东西长80 km，南北宽13~18 km。岛上地势平坦，无山岗、丘陵。西北部和中部稍高，西南部和东部略低。90%以上的土地标高（以吴淞标高0 m为参照）介于3.21~4.20 m之间。

崇明岛土壤肥沃、富含有机质，主要为黄棕壤或黄褐土。农作物种类繁多，粮食作物主要有水稻、小麦、蚕豆、玉米、薯类、大豆等。

品种形成与发展

■ 品种形成及历史

上海水牛是农耕时代在上海滨海地区的自然条件下，经劳动人民长期选育而形成的地方畜禽遗传资源。过去根据产地名称或沿用传统名称，区分为南翔水牛、田子湾水牛、虹桥水牛、崇明水牛和圆筒水牛等，后经专家品种调查，因其外貌特征、生产性能大致相同，在1984年出版的《中国牛品种志》中统称上海水牛。

■ 群体数量及变化

1949年初，上海水牛存栏约为3.5万头，到1970年时达到4.53万头的高峰值，1980年存栏3.5万头，此后，上海水牛的总量逐年快速下降。2010年底，崇明区上海水牛群体数量为1 077头，其中能繁母水牛530头；2015年底，群体数量为1 216头，其中能繁母水牛608头；2021年12月第三次普查统计，群体数量为636头，主要为农户散养，其中能繁母水牛388头，成年公牛219头。

近15~20年，由于农业机械化的不断普及，上海水牛役用性能不能有效发挥，逐渐淡出人们视线，且崇明区根据上海市功能发展规划定位，持续建设世界级生态岛，2005年7月经国务院批准上海崇明东滩晋升为国家级鸟类自然保护区，以及近年持续开展长江大保护，国家环保督察及回头看等大政方针的执行，导致崇明岛四面沿长江的上海水牛原先放牧栖息的自然生态芦苇荡区域不断被压缩，上海水牛群体数量逐年下降。在2016《全国畜禽遗传资源保护和利用"十三五"规划》中，上海水牛曾被列为灭绝品种。在农业农村部高度重视下，2021年1月13日，国家畜禽遗传资源委员会公布了《国家畜禽遗传资源品种名录（2021版）》，将上海水牛重新列入其中，要求加强对其保护。2022年，上海水牛被农业农村部列入《濒危畜禽遗传资源抢救性保护行动方案（2022—2026年）》。

体型外貌

■ 体型外貌特征

（1）整体结构：体型高大，胸廓开阔，骨骼粗壮，肌肉结实，四肢强健，蹄大圆整，全身结构紧凑、匀称。

（2）毛色、蹄色、角色：毛色以黑色、黑褐色及深棕色为主，蹄色为黑褐色，角色为黑色或黑褐色。

（3）躯干特征：胸廓开阔，肌肉结实，背部宽平，肋骨开张，腹围圆，腹部饱满不下垂。

（4）四肢、尾部：四肢高大、强健、粗壮，姿态挺拔、端正。蹄大，圆整、厚实。尾部上端粗壮，尾帚较小。

（5）母牛乳房发育情况：母牛乳房匀称，乳头中等大小。

■ 体重和体尺

2022年11月，由老杜农场负责测定崇明现代农业园区的10头成年公牛、20头成年母牛。40月龄的上海水牛公牛，平均体重669.9 kg，也有达900 kg以上的；77月龄的上海水牛母牛平均体重740 kg。具体数据见表1。

表1 · 体重和体尺

项 目	公	母
测定数量（头）	10	20
年龄（月）	40.7 ± 12.7	77.4 ± 46.7
体重（kg）	669.9 ± 128.7	740.4 ± 81.9
鬐甲高（cm）	148.3 ± 4.9	144.3 ± 4.1
十字部高（cm）	145.8 ± 3.1	140.5 ± 5.1
体斜长（cm）	155.7 ± 8.4	158.8 ± 5.2
胸围（cm）	220.2 ± 10.6	235.2 ± 13.4
腹围（cm）	239.9 ± 11.8	270.5 ± 11.0
管围（cm）	27.9 ± 1.6	27.6 ± 2.4
胸宽（cm）	57.5 ± 6.4	56.1 ± 5.8
坐骨端宽（cm）	33.7 ± 5.0	33.6 ± 2.9

生产性能

生长发育性能

2022 年 11 月，对崇明现代农业园区的上海水牛进行了生长发育性能测定。具体数据见表 2。

表2 · 生长发育性能

月 龄	体重（kg）
初生	47.0 ± 0.7
6	187.3 ± 12.5
12	233.7 ± 21.6
18	352.9 ± 14.6
30	538.8 ± 16.8

▪ 屠宰性能和肉品质

2022 年 11 月和 2023 年 11 月，由老杜农场负责对崇明现代农业园区的上海水牛进行了屠宰性能和肉品质测定。选择公牛 6 头和母牛 5 头，测定结果见表 3 和表 4。

表 3·屠宰性能

项　　目	公	母
屠宰月龄（月）	32.00 ± 4.90	33.00 ± 6.04
宰前活重（kg）	605.33 ± 106.26	567.80 ± 80.69
热胴体重（kg）	302.07 ± 55.96	267.93 ± 42.75
净肉重（kg）	217.03 ± 44.31	193.28 ± 39.41
骨重（kg）	83.01 ± 12.96	73.03 ± 6.50
肋骨数（对）	13	13
眼肌面积（cm^2）	79.65 ± 12.58	65.07 ± 6.32
屠宰率（%）	49.92 ± 3.10	47.15 ± 2.75
净肉率（%）	35.80 ± 2.49	33.84 ± 2.57
肉骨比	2.61 ± 0.28	2.64 ± 0.41

表 4·肉品质

项　　目		公	母
肌肉大理石花纹		1.50 ± 0.84	2.0 ± 0.71
肉色	目测法	8.00 ± 0.00	8.00 ± 0.00
	L	28.56 ± 2.71	31.76 ± 3.75
	a	11.12 ± 1.62	11.72 ± 3.44
	b	5.66 ± 1.32	6.83 ± 3.06
嫩度（kg·f）		9.75 ± 1.97	7.81 ± 1.17
pH$_0$		6.00 ± 0.32	6.46 ± 0.18
pH$_{24}$		5.53 ± 0.07	5.50 ± 0.11
肌肉系水力（滴水损失法）（%）		1.39 ± 0.39	1.79 ± 0.67

（续表）

项　目	公	母
肌肉系水力（加压法）（%）	12.39 ± 6.30	11.52 ± 10.41
脂肪颜色	2.00 ± 0.00	2.00 ± 0.00

■ 繁殖性能

上海水牛母牛初情期 10 ~ 15 月龄，初配年龄 24 ~ 30 月龄，初产年龄 35 ~ 41 月龄。发情周期 18 ~ 21 d，妊娠期 335 d，产犊间隔 430 ~ 450 d，情期受胎率 90% 左右，年总繁殖率 55% ~ 60%。公牛性成熟年龄 18 月龄，初配年龄 30 月龄。当前上海水牛繁殖以自然交配为主，公母比例 1 :（20 ~ 30），利用年限 8 年左右。上海市农业科学院畜牧兽医研究所 2020 年的试验报告表明，上海水牛成年公牛采精量 1.0 ~ 7.2 ml，平均 3.4 ml，原精活率平均高于 50%。

饲养管理

上海水牛适应性较强，但其皮厚、汗腺不发达，夏、秋季高温对上海水牛日常散热有影响，需有与之匹配的水塘、河汊用于泡澡降温防暑；冬末、初春季上海地区潮湿寒冷，上海水牛最怕春冷，若不注意防寒保暖可能会被冻死。

上海水牛饲养过程中，需要足够的牛舍，做到能避雨、冬暖夏凉，夏季能通风、冬季能保暖；养殖过程中要备足草料，主要包括干稻草、玉米秸秆、青草等粗料，玉米、豆粕等精料。每年冬天和初春上海水牛需进行舍饲，需将粗草料切短饲喂，同时补充拌过水的精饲料。春末开始可以逐步从吃干草料转为吃青料，可在干草中逐步添青草，慢慢过渡到全部吃青料。初夏开始至秋末，上海水牛以天然放牧为主，目前崇明区北部沿长江一带多芦苇荡，且夏秋水草丰茂，是上海水牛天然的理想放牧场所。但是，由于近年来国家环保方面日常督查、上海崇明东滩国家级候鸟自然保护区的设立等因素，能用于上海水牛自然放牧的栖息地越来越受到限制，这也是上海水牛数量日趋减少的原因之一。

加强对妊娠母水牛的饲养管理十分必要，防止流产、早产和死胎。母牛产犊后需适当补充营养（精料），助其尽快恢复体力。

品种保护

2021 年 1 月 13 日，国家畜禽遗传资源委员会公布了《国家畜禽遗传资源品种名录（2021 年版）》，将上海水牛重新列入其中。2022 年 2 月，《上海市推动现代种业高质量发展行动方案》提出"在崇明区建立上海水牛保种场"。2022 年 11 月 14 日，上海市农业农村委发布公告，将上海水牛列入《上海市畜禽遗传资源保护名录》。2022 年 12 月 30 日，上海水牛被列入农业农村部办公厅关于印发《濒危畜禽遗传资源抢救性保护行动方案（2022—2026 年）》（农办种〔2022〕12 号）的通知，制定了《上海水牛抢救性保护工作方案》。

崇明区作为上海水牛的主要分布地，从 2021 年开始，经市、区农业农村委和相关职能部门多次会商，决定由崇明区上海老杜企业（集团）公司负责保种场建设，保种场地选址在崇明现代农业园区老杜农场北侧的一块占地面积约 3.5 hm^2（52 亩）的非基本农田内。土地备案全部手续于 2023 年 6 月完成。与此同时，上海水牛保种场建设完成了上海都市现代农业发展资金畜牧标准化项目立项，由市、区二级财政投资建设，计划投资 5 000 多万元，把上海水牛保种场建成设施设备齐全、布局规划科学、功能区域到位的高标准牧场，确保上海水牛保种工作落到实处，争取达到国家级保种场的标准，实现核心群体成年公牛不少于 6 个家系（12 头）、基础母牛不少于 150 头，保种场群体数量达到 400～450 头规模。预计 2025 年建成。

目前，老杜农场有上海水牛 130 多头。鉴于上海水牛种群规模较小，且没有较为完善的保种和开发利用体系，各项工作尚处于起步阶段，待完成保种场建设后逐步开展上海水牛品种保护、研究等工作。

上海市农业科学院采集了上海水牛精液、体细胞和组织等遗传材料保存在国家和上海市畜禽遗传资源基因库。

评价和利用

▪ 品种评价

上海水牛属于优良的地方畜禽品种，体型硕大，肌肉结实、骨骼粗壮、四肢强健，力大持久、性情温驯、适应性强。

2022年3月，《上海水牛种质特性和保护体系研究》列入上海市科技兴农项目，课题编号 2022-02-08-00-12-F01173。通过对上海水牛的种质特性，特别是从基因水平、繁育技术、生活习性和疫病防控等方面开展研究，提出建立科学的保护体系；上海市农业科学院畜牧兽医研究所等单位在上海水牛精液采集、冷冻保存等技术方面开展了相关研究。上海水牛保种场建立后，将有更多上海水牛的选种选育、后裔测定等项目开展。

▪ 开发利用

上海水牛是上海地区农耕文明的产物，原属于役用牛，尽管目前农业机械化替代了上海水牛使役的功能，上海水牛的良好役用性能得不到发挥，但上海水牛属于中国体型最大的水牛良种之一，上海市属地政府有责任也有能力将这一优良品种保护好、利用好，未来在保种的基础上，拟逐步开发肉用性能为主、役用性能为辅，做好活体保种和遗传材料保存等，保持优良基因不丢失，将上海水牛用于农耕文化宣传、优质肉牛培育等，利用前景较好。

图片资料

上海水牛 公牛

上海水牛 母牛

② 中国荷斯坦牛

一般情况

■ 品种名称及类型

中国荷斯坦牛（Chinese Holstein），属培育品种，为乳用型牛。

■ 品种分布

中国荷斯坦牛是通过引入的荷斯坦公牛与中国各地的黄牛级进杂交，并经长期培育提高而形成。中国荷斯坦牛已遍布全国，以东北、华北和西北居多。上海市的中国荷斯坦牛主要位于金山区、奉贤区、崇明区、浦东新区及上海域外的农场，目前上海市拥有中国荷斯坦牛约 5.5 万头，其中种用公牛 54 头。

品种形成与发展

■ 培育单位和参加培育单位

中国荷斯坦牛为我国培育的第一个乳用型牛专用品种。在农业部的组织协调下，由中国奶牛协会、北京市奶牛协会、上海市奶牛协会、黑龙江省奶牛协会等单位共同完成培育。

■ 育种素材和培育方法

中国荷斯坦牛的培育可追溯到 19 世纪中期，当时随着欧洲商人和传教士进入中国，从俄罗斯、荷兰、德国等陆续带进来一些荷斯坦牛进行自繁自养，或使用引进的荷斯坦公牛与当地黄牛母牛进行级进杂交；后来又从北美、日本等引入荷斯坦牛；20 世纪 50 年代以后，我国不断从美国、加拿大、德国、荷兰、日本等国引进荷斯坦种公牛和冷冻精液，长期与各地黄牛进行级进杂交，经选育提高逐渐形成了现在的中国荷斯坦牛品种。

品种数量情况

据《中国奶业统计摘要》统计，2022年底，全国奶牛存栏1 160.1万头，其中中国荷斯坦牛存栏数量约为600万头，上海市存栏的中国荷斯坦牛数量约为5.7万头。

品种培育成功后消长形势

上海的中国荷斯坦牛共有3个重要的发展时期：1978—1992年为快速发展期，上海中国荷斯坦奶牛存栏规模从2万头发展到7万头；1992—2015年为稳定期，中国荷斯坦牛存栏规模稳定在7万~8万头；2016—2019年为快速退养期，中国荷斯坦牛存栏规模从8万头逐渐减少至5.7万头；2019年至今基本稳定。

品种标准制定、地理标识产品、商标等情况

中国荷斯坦牛为我国培育的第一个乳用型牛专用品种。1985年通过农业部审定并正式命名为"中国黑白花奶牛"，1988年获国家科技进步一等奖。为了与国际接轨，1992年经农业部批准更名为"中国荷斯坦牛"。目前，我国饲养的奶牛80%以上为中国荷斯坦牛及其杂交改良牛。

1982年首次发布国家标准《中国黑白花奶牛》，2008年进行了第一次修订，标准名称修改为《中国荷斯坦牛》，2023年进行了第二次修订。

体型外貌

体型外貌特征

（1）整体结构：公牛颈部稍短，母牛面目清秀，公牛肢蹄粗壮有力，母牛泌乳特征明显。

（2）毛色、蹄色、角色：毛色为黑色和白色，蹄和角为蜡色。

（3）躯干特征：贴身短毛、具有光泽，体况良好，平尻，体型匀称，背部平直、腹围稍大，侧视呈楔形。

（4）四肢、尾部：四肢端正，骨骼细致，关节明显。鼻镜及尾帚为黑色。尾巴细长，尾帚发达。

（5）母牛乳房发育情况：乳房基本呈盆形，乳头匀称。乳房前伸后展，乳静脉明显，乳用特征明显。

体重和体尺

2022年10月，对中国荷斯坦牛进行体重和体尺测定，测定数量为公牛10头，测定地点为上海奶牛育种中心有限公司；母牛25头，测定地点为上海光明牧业有限公司申丰奶牛场。本次调查结果显示，中国荷斯坦牛成年公牛平均体重为823.30 kg，成年母牛平均体重650.70 kg。具体测定数据见表1。

表1 · 体重和体尺

项　　目	公	母
体重（kg）	823.30 ± 72.81	650.70 ± 57.00
鬐甲高（cm）	168.50 ± 6.59	149.20 ± 5.89
十字部高（cm）	167.30 ± 4.00	149.60 ± 4.83
体斜长（cm）	194.00 ± 9.37	172.80 ± 10.61
胸围（cm）	237.20 ± 9.38	219.40 ± 6.76
管围（cm）	25.80 ± 1.03	21.20 ± 1.87

生产性能

生长发育性能

2022年10月，开展了中国荷斯坦牛生长发育性能测定工作，测定规模为初生、6月龄、12月龄和18月龄公牛各10头、母牛各20头。本次调查显示，中国荷斯坦公牛初生重为 43.2 kg、6 月龄平均体重 256.0 kg、12 月龄平均体重 476.5 kg、18 月龄平均体重 708.1 kg。中国荷斯坦母牛平均初生重为 39.0 kg、6 月龄平均体重 236.8 kg、12 月龄平均 427.4 kg、18 月龄平均体重 588.0 kg。具体测定数据见表 2。

表 2 · 生长发育性能

性　别	月　龄	体　重（kg）
公	初生	43.2 ± 0.9
	6	256.0 ± 3.9
	12	476.5 ± 15.5
	18	708.1 ± 23.5
母	初生	39.0 ± 3.2
	6	236.8 ± 15.6
	12	427.4 ± 18.2
	18	588.0 ± 17.1

▪ 乳用性能

2023 年 5 月，开展了中国荷斯坦牛乳用性能测定工作，测定数量为 4 155 头，测定地点为光明牧业有限公司申丰奶牛场。中国荷斯坦牛头胎母牛平均泌乳天数在 338.3 d，泌乳期总产量平均 9 767.5 kg，泌乳高峰期日产量 39.5 kg，305 d 产奶量 8 879.5 kg，平均乳脂率 3.86%，平均乳蛋白率 3.39%；二胎牛平均泌乳天数在 345.2 d，泌乳期总产量平均 13 080.8 kg，泌乳高峰期日产量 53.8 kg，305 d 产奶量 11 575.9 kg，平均乳脂率 3.68%，平均乳蛋白率 3.31%；三胎牛平均泌乳天数在 346.6 d，泌乳期总产量平均 13 364.8 kg，泌乳高峰期日产量 55.6 kg，305 d 产奶量 11 785.5 kg，平均乳脂率 3.66%，平均乳蛋白率 3.29%。具体数据见表 3。

表3 · 乳用性能

项 目	数 值		
胎次（胎）	1	2	3
泌乳期（d）	338.3 ± 69.7	345.2 ± 71.5	346.6 ± 83.1
泌乳期总产奶量（kg）	9 767.5 ± 2 543.4	13 080.8 ± 2 523.7	13 364.8 ± 2 674.8
泌乳高峰期日产奶量（kg）	39.5 ± 7.0	53.8 ± 8.9	55.6 ± 9.8
305 d 产奶量（kg）	8 879.5 ± 2 312.2	11 575.9 ± 2 233.3	11 785.5 ± 2 358.7
乳脂率（%）	3.86 ± 0.72	3.68 ± 0.67	3.66 ± 0.73
乳蛋白率（%）	3.39 ± 0.27	3.31 ± 0.29	3.29 ± 0.31

■ 繁殖性能

中国荷斯坦牛母牛初情期在 8 月龄，初配月龄为 13.5 月龄，24 月龄初产，发情周期为 21 d，妊娠期 275 d，产犊间隔 410 d，情期受胎率 40%，年总繁殖率 81%。中国荷斯坦牛公牛 6 ~ 8 月龄性成熟，12 月龄初配，公牛人工采精，成年牛每次平均采精量为 5 ml，后备牛平均为 3 ml。精子密度为 15 亿个 /ml，平均精子活力 42%。公牛使用年限 5 ~ 6 年。

品种特性和推广应用

中国荷斯坦牛属于我国培育的大型乳用品种牛，具有较强的适应性，能够适应我国各个地区的气候环境和不同的饲养模式。但中国荷斯坦牛相对耐寒怕热，在我国南方地区热应激会对其造成较大的影响，因此在我国南方地区想要充分发挥其产奶性能，必须做好热应激的管理，通过喷淋、风扇、遮阴等措施降低热应激程度。此外，中国荷斯坦牛相对于其他品种乳用牛的抗病力稍差，需要严格做好舒适度管理和疾病的预防，否则淘汰率会很高。

中国荷斯坦牛品种育成后，在 20 世纪 80 年代中期，农业部实施了以提高产奶量为目的的黄牛改良工作，简称"黄改奶工程"，在内蒙古、黑龙江、河北、新疆等地利用人工授精技术开展了大规模的黄牛改良工作，经过 10 余年的努力，经 3 ~ 4 代级进杂交牛的产奶性能达到年产奶量 5 000 kg。中国荷斯坦奶牛是我国存栏最多的乳用牛品种，并且经持续改良，产量逐步提升，目前国内大型牧业集团成乳牛年平均产量已超 11 000 kg。

评价和利用

荷斯坦奶牛是世界上产奶量最高、饲养数量最多的奶牛品种。中国荷斯坦牛是我国培育的奶牛品种，在我国也是数量最多的奶牛品种。但目前中国荷斯坦牛与国外的荷斯坦牛遗传水平还存在一定差距。中国荷斯坦牛虽然产量高，但乳脂率和乳蛋白率低，抗病力也相对较差，因此在选育方向上，需要重点关注和改良这几个指标。今后，应通过利用全基因组选择和高效胚胎移植等技术逐步推进国家核心育种场的建设，扩大奶牛育种核心群，提升我国自主培育优秀后备种公牛的能力，从而实现国家种业的振兴。

图片资料

中国荷斯坦牛 公牛

中国荷斯坦牛 母牛

③ 荷斯坦牛

一般情况

■ 品种名称及类型

荷斯坦牛（Holstein），属引入品种，为乳用型牛。

■ 原产国及在我国的分布情况

荷斯坦牛原产地为荷兰北部的北荷兰省和西弗里斯兰省，后来分布到法国北部及德国的荷斯坦省（Holstein）而得名，亦称荷斯坦—弗里生牛（Holstein-Friesian）。由于其广泛的适应性，目前已分布于世界各地，是目前世界存栏数量最多的奶牛品种。

19世纪中期，随着欧洲商人和传教士进入中国，陆续给中国带进一些奶牛，这些奶牛主要饲养在一些大中城市郊区和东南沿海一带。20世纪70年代，中国陆续从国外引进一定数量的荷斯坦牛，特别是80年代后，国内许多奶牛育种单位从美国、加拿大引进优质种公牛，对中国荷斯坦牛的品种改良和选育提高起到重要作用。我国大规模引进荷斯坦牛是在2000年以后，据《中国奶业统计摘要》统计，2008年进口数量为1.5万头，2014年进口数量达到21.5万头，而引入的荷斯坦牛分布于河北、内蒙古、黑龙江、辽宁、山东、新疆、宁夏等省（自治区），进一步提升了中国荷斯坦牛遗传改良速度。

目前，上海现存的荷斯坦牛主要分布上海光明牧业有限公司申丰奶牛场，该场位于上海域外的上海农场，于2014年12月从智利购买了4 600多头荷斯坦牛。

品种形成与发展

■ 品种形成历史或国外培育单位

荷斯坦牛培育历史十分悠久，是最古老的乳用牛品种之一。据文献记载，至少起源于2 000年前。早在15世纪荷斯坦牛就以产奶量高而闻名，1795年被引入到美国。但在原产地荷斯坦牛的选育过程中，曾经走过弯路。由于过分强调产奶量而忽视了体质及乳质等性状，导致出现乳脂率低、体质过于细致、抗病力弱，尤其易患结核病。后经育种学家们的长期改良，重视体质和乳脂率的选育，克服了以往的缺陷。荷斯坦牛风土驯化能力强、适应性广，分布于全世界大多数国家，存栏数6 000万头以上。荷斯坦牛经各国长期的驯化及系统选育，育成了各具特征的荷斯坦牛，并冠以该国的国名，如美国荷斯坦牛、加拿大荷斯坦牛、中国荷斯坦牛等。近一个世纪以来，由于各国对荷斯坦牛选育方向不同，分别育成了以美国、加拿大、以色列等国为代表的乳用型和以荷兰、德国、丹麦、瑞典、挪威等欧洲国家为代表的乳肉兼用型两大类型。上海现存栏的荷斯坦牛是从智利引入，属于乳用型荷斯坦牛。

品种引进时间及引进单位

2014 年，上海光明牧业有限公司申丰奶牛场从智利引进了荷斯坦牛共 4 600 余头，主要用于提升本场牛群的遗传水平。

引进数量及国内生产情况

上海光明牧业有限公司申丰奶牛场从智利引进的荷斯坦牛共 4 600 余头，该场通过使用上海奶牛育种中心优质的中国荷斯坦牛冻精，以人工授精的方式进行扩繁，目前该场大部分的中国荷斯坦牛均是这批引进荷斯坦牛的后代，2022 年 12 月底存栏规模为 14 000 余头，而原先引进的荷斯坦牛目前仅存栏约 300 头。

体型外貌

体型外貌特征

（1）整体结构：体型高大，面目清秀，结构匀称。

（2）毛色、蹄色、角色：被毛为贴身短毛，毛色以黑白花为主。蹄色为蜡色。角色以蜡色为主。

（3）躯干特征：皮薄有弹性，皮下脂肪少。后躯较前躯发达，侧望呈楔形，具有典型的乳用特征。

（4）四肢、尾部：四肢结实，蹄质坚实，蹄底呈圆形。

（5）母牛乳房发育情况：乳房大而丰满，4 个乳区结构匀称，乳静脉粗而弯曲。乳头大小适中、垂直，呈柱形。乳头长 5 ~ 8 cm，间距匀称。

体重和体尺

2022 年 8 月，对上海光明牧业有限公司申丰奶牛场存栏的荷斯坦牛进行体重和体尺测定，测定数量为 25 头成年母牛，平均年龄为 100 月龄。调查结果表明，荷斯坦牛成年母牛平均髻甲高为 149.1 cm，平均十字部高 149.6 cm，平均体斜长

172.4 cm，平均胸围为 219.5 cm，平均管围为 21.2 cm，平均体重为 650.8 kg。具体数据见表 1。

表 1 · 体重和体尺

项　　目	数　　值
体重（kg）	650.8 ± 57.0
鬐甲高（cm）	149.1 ± 5.8
十字部高（cm）	149.6 ± 4.9
体斜长（cm）	172.4 ± 10.5
胸围（cm）	219.5 ± 6.7
管围（cm）	21.2 ± 1.7

生产性能

■ 乳用性能

2022 年 8 月，对上海光明牧业有限公司申丰奶牛场存栏的荷斯坦泌乳牛开展了乳用性能测定，测定规模为 27 头。上海存栏的荷斯坦牛（平均 4 胎）泌乳期总产奶量平均为 14 356.9 kg，泌乳高峰期日产奶量平均为 57.0 kg，305 d 产奶量平均为 12 209.2 kg，乳脂率平均为 3.84%，乳蛋白率平均为 3.44%。具体数据见表 2。

表 2 · 乳用性能

项　　目	数　　值
泌乳期总产奶量（kg）	14 356.9 ± 2 395.9
泌乳高峰期日产奶量（kg）	57.0 ± 7.8
305 d 产奶量（kg）	12 209.2 ± 1 671.8
乳脂率（%）	3.84 ± 0.30
乳蛋白率（%）	3.44 ± 0.23

■ 繁殖性能

上海光明牧业有限公司申丰奶牛场 2022 年荷斯坦牛繁殖性能数据如下：初情期平均为 8 月龄，初配年龄平均为 13.5 月龄，初产年龄平均为 24 月龄，发情周期平均为 21 d，妊娠期平均为 275 d，产犊间隔平均为 410 d，情期受胎率平均为 40%，年总繁殖率约为 81%。

在我国的研究及利用现状

荷斯坦牛是世界上产量最高的乳用牛品种，也是世界上存栏最多的奶牛品种，在各个国家都受欢迎。我国引用荷斯坦牛改良各地黄牛已有悠久的历史，均取得明显的改良效果，并培育出了中国荷斯坦牛。通过有计划的持续引进优质的荷斯坦牛，可以进一步提升中国荷斯坦牛的遗传水平。

评价和利用

荷斯坦牛最突出的特点是产奶量高，但乳脂率和乳蛋白率相对于其他品种乳用牛偏低，抗病力和繁殖率方面不如其他乳用品种牛，但近几年已在逐步改善。荷斯坦牛能适应广泛的气候和地理条件，但热应激对其影响较大，因此更适合在我国北方地区饲养。

未来，将继续从世界发达国家引进一定数量的优质种用荷斯坦牛，特别是优秀种公牛、胚胎等，对中国荷斯坦牛群的遗传改良将起到重要作用。通过有计划的引进及持续加强培育，一定会实现我国奶牛种业的振兴。

图片资料

荷斯坦牛 母牛

④ 娟姗牛

一般情况

▪ 品种名称及类型

娟姗牛（Jersey），属引入品种，为乳用型牛。

▪ 原产国及在我国的分布情况

娟姗牛原产地位于英吉利海峡的泽西岛（旧译娟姗岛），目前已分布于英国、美国、澳大利亚、丹麦、肯尼亚、南非等多个国家。19世纪中期，英国和法国将娟姗牛带入中国，后来又陆续通过购买、捐赠等途径多次引进过娟姗牛，但一直未形成规模，因此，目前尚未建立很好的娟姗牛育种体系。

目前上海的娟姗牛主要在上海市崇明区城桥镇垦区的上海崇明鳌山奶牛场，存栏1 000 余头。上海光明牧业有限公司在江苏射阳及浙江金华也饲养了 5 000 头娟姗牛。

品种形成与发展

■ 品种形成历史或国外培育单位

娟姗牛是由英国英吉利海峡泽西岛当地牛与法国布里顿牛（Brittany）和诺曼底牛（Normandy）杂交选育而成。由于适宜的自然环境、优越的饲料条件和当地养牛者的长期精心选育，育成了性情温驯、体型轻小、高乳脂率的娟姗牛品种。为了保持该品种牛的纯种繁育，1763 年英国政府曾发布禁止任何其他品种牛引进泽西岛的法令，1789 年又进一步强化该法令，提出有关娟姗牛封闭培育的法案，对该品种的最终育成起到巨大的推动作用。1844 年英国娟姗牛品种协会成立，标志着娟姗牛品种正式诞生。从 1866 年开始，英国每年都出版娟姗牛良种登记册，对娟姗牛选育和生产性能的提高起到了极大的促进作用。至今，在原产地仍然实行纯种繁育。

娟姗牛品种培育可以分为两部分，一部分是在泽西岛的系统选育提高，一部分是世界其他国家引进娟姗牛后开展的选育提高。19 世纪末以后，娟姗牛在英国以外地区的培育，不仅使娟姗牛的生产得到显著提高，而且使娟姗牛更适应所在国的生产条件和需求。美国娟姗牛的培育就是一个典型的例子，虽然娟姗牛早在 1657 年进入美国，但是直到 1868 年美国娟姗牛协会成立，娟姗牛在美国的培育才真正开始。目前，美国登记注册的娟姗牛有 12 万头。据 FAO 统计，全世界 82 个国家和地区养有娟姗牛品种，其中英国、美国、丹麦、肯尼亚、南非等娟姗牛养殖规模较大的23 个国家的存栏数量在 53 万头以上，这些国家对娟姗牛的系统选育，使其乳用性能有了很大提高。

■ 品种引进时间及引进单位

2019 年，上海崇明鳌山奶牛场从澳大利亚引进了娟姗牛，是上海唯一的娟姗牛场。

■ 引进数量及国内生产情况

上海崇明鳌山奶牛场从澳大利亚共引进了 507 头娟姗牛，并使用进口的娟姗牛冻精自繁自育进行扩群。截至 2022 年底，上海崇明鳌山奶牛场存栏娟姗牛 1 055 头，其中成乳牛 442 头、育成牛 101 头、青年牛 251 头、犊牛 261 头。

体型外貌

■ 体型外貌特征

（1）整体结构：面目清秀，结构匀称、体型偏小。

（2）毛色、蹄色、角色：毛色为金黄色、褐色或草黄色，蹄色为黑褐色，角色为黑褐纹。

（3）躯干特征：被毛短细、具有光泽，体况良好，体型匀称，背部平直、腹围稍大。尻部方平，后腰较前躯发达，侧望呈楔形。

（4）四肢、尾部：四肢端正，骨骼细致，关节明显。腹下及四肢内侧毛色较淡，鼻镜及尾帚为黑色。尾巴细长，尾帚发达。

（5）母牛乳房发育情况：乳房基本呈盆形，乳头匀称。乳房前伸后展，乳静脉微现，乳用特征明显。

（6）其他特殊性状：头小而轻，头顶有短鬃，两眼间距离宽，眼大有神，面部中间稍凹陷，耳大而薄。颈薄且细，有明显的皱褶，颈垂发达。

■ 体重和体尺

2022 年 6 月，开始对上海崇明鳌山奶牛场存栏的娟姗成年母牛开展了体重和体尺测定，共挑选成年母牛 20 头。娟姗成年母牛平均鬐甲高为 120.4 cm，平均十字部高 122.5 cm，平均体斜长 149.5 cm，平均胸围为 182.4 cm，平均管围为 16.5 cm，平均体重为 448.2 cm。具体数据见表 1。

表 1 · 体重和体尺

项　目	数　值
体重（kg）	448.2 ± 27.5
鬐甲高（cm）	120.4 ± 3.6
十字部高（cm）	122.5 ± 4.0
体斜长（cm）	149.5 ± 3.3
胸围（cm）	182.4 ± 4.9
管围（cm）	16.5 ± 0.3

生产性能

生长发育性能

2022 年 7 月，对上海崇明鳌山奶牛场存栏娟姗牛开展了生长发育性能测定，测定初生、6 月龄、12 月龄和 18 月龄母牛各 20 头。娟姗牛初生重平均为 27.7 kg、6 月龄平均体重 146.7 kg、12 月龄平均体重 251.8 kg、18 月龄平均体重 374.5 kg，具体测定数据见表 2。

表 2 · 生长发育性能

月　龄	体　重（kg）
初生	27.7 ± 2.6
6	146.7 ± 5.3
12	251.8 ± 3.8
18	374.5 ± 6.4

乳用性能

2022 年 7 月，对上海崇明鳌山奶牛场存栏娟姗泌乳牛开展了乳用性能测定，测定规模为20头。测定结果显示，上海娟姗牛泌乳期总产奶量平均为6 411.1 kg，泌乳高峰期日产奶量平均为34.8 kg，305 d产奶量平均为6 328.9 kg，乳脂率平均为4.95%，乳蛋白率平均为3.84%。具体数据见表3。

表3·乳用性能

项　　目	数　　值
泌乳期总产奶量（kg）	6 411.1 ± 193.3
泌乳高峰期日产奶量（kg）	34.8 ± 3.0
305 d产奶量（kg）	6 328.9 ± 157.2
乳脂率（%）	4.95 ± 0.19
乳蛋白率（%）	3.84 ± 0.13

■ 繁殖性能

娟姗牛具有较好的繁殖性能，上海崇明鳌山奶牛场2022年繁殖性能数据如下。初情期平均为9月龄，初配年龄平均为13月龄，初产年龄平均为23.5月龄，发情周期平均为21 d，妊娠期平均为278 d，产犊间隔平均为370 d，情期受胎率平均为57.6%，年总繁殖率约为89%。

在我国的研究及利用现状

娟姗牛具有高乳脂率、高乳蛋白率的特性，国内娟姗牛主要以纯种繁育为主，且主要是饲养母牛，通过进口娟姗牛的冻精及人工授精的方式进行繁育扩群。也有地区在开展娟姗牛和荷斯坦牛的杂交试验，杂交牛乳脂率和乳蛋白率有明显的提升。目前，纯种娟姗牛在我国主要分布于辽宁、江苏、浙江、上海、贵州等多个地区。上海地区目前存栏为1 055头。

评价和利用

　　娟姗牛最突出的特点是高乳脂率和乳蛋白率，牛乳脂肪颜色偏黄、脂肪球大、易于分离，是生产优质奶油的理想原料。娟姗牛能适应广泛的气候和地理条件，对一般寒冷有一定的耐受性，且由于娟姗牛体格小、皮薄骨细、单位表皮被毛少、皮下脂肪薄、基础代谢率较低，因此，对高热、高湿环境具有明显的耐热性。此外，娟姗牛还具有抗疾病能力强、难产率低、繁殖率高等优点，是我国奶业生产的重要品种资源，适合在我国南方炎热地区饲养。因此，南方地区在发展荷斯坦牛的同时，可有计划地引进娟姗牛进行纯繁或与荷斯坦牛杂交，繁殖和培育娟姗牛杂交后代，从而在提高产量的同时兼顾提升牛奶品质，从而提升整体生产水平和经济效益。

图片资料

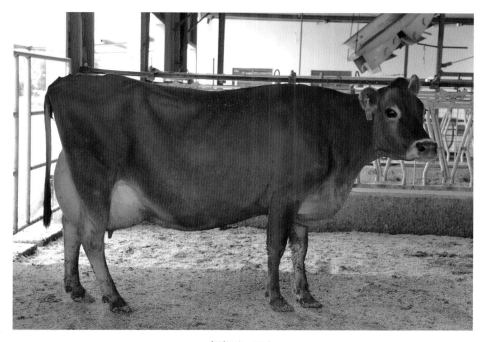

娟姗牛 母牛

⑤ 南德文牛

一般情况

■ 品种名称及类型

南德文牛（South Devon），属引入品种，为肉用型牛。

■ 原产国及在我国的分布情况

南德文牛原产于英格兰西南部的南德文郡和康沃尔郡，目前主要分布在英国、美国、加拿大、南非、新西兰、澳大利亚等国。我国于 1996 年从澳大利亚引入纯种南德文牛，主要用于改良国内的黄牛、牦牛等地方肉牛品种。目前，国内纯种的南德文牛主要存在于上海市奉贤区上海市肉牛育种中心有限公司。

品种形成与发展

■ 品种形成历史或国外培育单位

11 世纪诺曼底人入侵英国，带入的大型诺曼底红牛与当地牛杂交，由于长期的地理隔离，形成了（北）德文和南德文两个不同的品种。1890 年 10 月 7 日，南德文牛良种登记协会（South Devon Herd Book Society，SDHBS）正式成立。南德文牛最初以役用为主，19 世纪向肉乳兼用方向选育。20 世纪初至 50 年代，南德文牛以乳肉兼用为主，由于受到 60 年代引进的弗里生牛的影响，南德文牛的乳用性状得到加强。20 世纪 70 年代，原产地引进夏洛来牛，由于当时南德文牛是理想的杂交母本，以夏洛来牛为终端父本进行杂交生产效果很好。之后育成含有部分弗里生牛和夏洛来牛血统的、以肉乳兼用著称的南德文牛。

1800 年澳大利亚从英格兰引入了 200 头南德文牛，1958 年、1968 年又分别从新西兰和英格兰引入纯种南德文牛和冷冻精液，之后多次从新西兰引进纯种南德文牛。经近百年的培育，形成了具有毛色紫红、不怕牛虻、体躯丰满、早熟、生长快、耐粗饲、饲料转化率高、抗病力强等一系列优良特性的一个新的肉牛品种，成为生产高档牛肉的三大品种之一。南德文牛主要分布在英国、美国、加拿大、南非、新西兰、澳大利亚等国。2000年联合国粮农组织（FAO）报告中南德文牛群体规模150万头。

品种引进时间及引进单位

1996年，上海金晖家畜遗传开发有限公司（上海市肉牛育种中心有限公司前身）从澳大利亚引进了纯种南德文牛。

引进数量及国内生产情况

上海金晖家畜遗传开发有限公司从澳大利亚引进的110头公母配套的纯种南德文牛，主要用于改良国内的黄牛、牦牛等。该公司生产的南德文牛冻精在辽宁、四川、甘肃、青海、新疆、江西等地使用，目前南德文牛与我国地方品种牛的杂交后代已分布于多个省份。

经过多年的风土驯化、纯种繁育等，截至2022年12月，上海市肉牛育种中心有限公司存栏南德文牛种牛166头，其中公牛65头、母牛101头。

体型外貌

体型外貌特征

（1）整体结构：体型中等，具较明显的楔形。头略长，呈蟋蟀头形。

（2）毛色、蹄色、角色：毛色棕红，局部带卷曲。蹄色以蜡色为主，偶有黑褐色条纹。有角占比50%左右，龙门状，角色为蜡色。

（3）躯干特征：胸深而丰满。肋骨开张良好，并富有弹性。肋部深，腹部齐平。背部长而直。腰部宽厚，肩胛强而细致，与体躯结合紧凑。臀端宽，无脐垂，个别有胸垂。颈长，母牛颈部纤细，成年公牛颈部发达。

（4）四肢、尾部：四肢骨骼致密，挺直呈矩形分布，行走灵便。蹄中等大小。肢蹄结构坚实。尻部长而丰满，宽阔而方整。后臀宽阔。尾根平，尾帚小，尾长中等。

（5）母牛乳房发育情况：乳房中等大小。乳头大小适中，前后分布较均匀。一般无副乳头。

■ 体重和体尺

2022年7月，开展了南德文牛成年公牛和成年母牛体重、体尺的测定工作。测定规模：成年公牛10头、成年母牛10头。测定指标包括鬐甲高、体斜长、胸围、管围、体重等。南德文牛成年公牛平均体重为1 055.3 kg、成年母牛平均体重754.0 kg，具体测定数据见表1。

表1·体重和体尺

项　　目	公	母
体重（kg）	1 055.3 ± 92.7	754.0 ± 83.0
鬐甲高（cm）	148.4 ± 6.4	136.4 ± 5.6
体斜长（cm）	206.0 ± 11.1	183.2 ± 10.6
胸围（cm）	241.3 ± 9.9	216.6 ± 10.6
管围（cm）	24.8 ± 1.1	20.2 ± 2.3

生产性能

■ 生长发育发育

2022年7月，开展了南德文牛生长发育性能测定工作，测定初生、6月龄、12月龄和18月龄公牛各10头、母牛各20头。本次调查显示，南德文牛公牛初生重43.5 kg、6月龄平均体重179.9 kg、12月龄平均体重276.2 kg、18月龄平均体重401.1 kg，南德文母牛平均初生重41.0 kg、6月龄平均体重170.7 kg、12月龄平均

264.0 kg、18 月龄平均体重 380.0 kg。具体测定数据见表 2。

表 2 · 生长发育性能

性　别	月　龄	体　重（kg）
	初生	43.5 ± 3.6
	6	179.9 ± 26.5
公	12	276.2 ± 28.2
	18	401.1 ± 24.4
	初生	41.0 ± 3.3
	6	170.7 ± 15.7
母	12	264.0 ± 19.9
	18	380.0 ± 28.0

屠宰性能与肉品质

根据相关文献资料，南德文牛阉牛在 13 ~ 15 月龄时平均体重达 521 ~ 567 kg，屠宰率 62% ~ 65%。肌肉纤维细，脂肪囤积适中，肉质鲜嫩，呈明显大理石纹状。

繁殖性能

南德文牛母牛初情期为 12 月龄，初配年龄为 20 月龄，初产年龄为 30 月龄，发情周期为 21 d，妊娠期为 282 d，产犊间隔 380 d，情期受胎率 75%，年总繁殖率为 80%。公牛性成熟年龄为 14 月龄，初配年龄约为 20 月龄。当前南德文牛繁殖以人工授精为主，南德文牛成年公牛单次采精量为 7.5 ml，精子密度约为 15 亿个 /ml，平均活力约为 80%，公牛利用年限为 9 年左右。

在我国的研究及利用现状

自 1996 年，上海金晖家畜遗传开发有限公司（上海市肉牛育种中心有限公司前身）从澳大利亚引进了 100 头公母配套的纯种南德文牛，主要用于改良国内的黄牛、牦牛等。由于南德文牛具备良好的性能，受到了国内养牛户的欢迎，上海金晖家畜遗传开发有限公司所生产的冻精销往新疆、青海、黑龙江、内蒙古、辽宁、河南、河北、安徽等十余个省份，年销售南德文牛冻精达到30万剂，改良了我国肉牛的性能，促进了我国肉牛业的发展。

目前，纯种南德文牛主要在上海市肉牛育种中心有限公司，存栏166头，其中公牛65头、母牛101头。

评价和利用

南德文牛抗寒、耐热，适应性强，能适应中国南北各地气候。南德文杂交牛普遍反映出对环境较好的适应性、耐粗饲、温驯、易管理、难产率很低、初生重较大，特别是后期生长发育较快。

南德文牛是英格兰和苏格兰各牛品种中体格较大的牛种，在相近初生重情况下，难产率较欧洲大陆牛种低。母牛泌乳能力强、母性好、哺犊性能好，可作为保姆牛应用。由于良好的生长能力和早熟性，该品种可作两品种或三品种杂交体系的终端父本，也是改良肉牛群体的肉质、屠宰率、胴体等级等方面良好的杂交父本。但该牛种为大型品种，在杂交利用中要注意与顺产率高及体格中等的品种配套。

图片资料

南德文牛 公牛

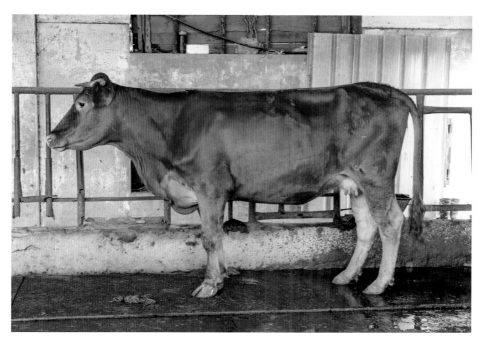

南德文牛 母牛

羊

① 湖羊

一般情况

■ 品种名称及类型

湖羊（Hu sheep），属地方品种，为肉、羔皮兼用型绵羊。

■ 原产地、中心产区及分布

湖羊原产地为太湖流域的苏、浙、沪地区。它的祖先是北方的蒙古羊，长期在江南自然条件下经圈养和选育而形成的一个优良绵羊品种。

20世纪90年代前，上海地区的湖羊主要分布在嘉定、青浦、宝山等地，其中尤以嘉定的江桥和桃浦、青浦的华新和白鹤、宝山的大场等地饲养最多。目前，上海地区的湖羊主要分布在嘉定的上海永辉羊业有限公司。

■ 产区自然生态条件

嘉定区位于上海西北部，其中心位置在东经121°26′、北纬31°39′。东与宝山、普陀两区接壤；西与江苏省昆山市毗连；南襟吴淞江，与闵行、长宁、青浦三区相望；北依浏河，与江苏省太仓市为邻。总面积 463.16 km²。全境地势平坦，东北略高，西南稍低。市、区级河道蕴藻浜、练祁河、娄塘河横卧东西，向东流经宝山区直通长江和黄浦江；盐铁塘、横沥、新槎浦（罗蕴河）纵贯南北，与吴淞江、浏河相连。

嘉定区地处北亚热带北缘，为东南季风盛行地区，雨热同季，降水丰沛，气候暖湿，光温适中，日照充足。年均气温 15.4℃，年均降雨量 1 077.6 mm，雨日 130.2 d。

嘉定全境雨水充沛、水陆交通发达、土地肥沃、物产丰富、商业繁荣，是鱼米之乡。农作物盛产水稻、蔬菜、小麦、大豆、玉米等。

品种形成与发展

品种形成及历史

湖羊的祖先为蒙古羊，迁入太湖地区的历史最早可追溯至东晋，距今已 1 600 多年。南宋时，随着大量北方移民南下，湖羊的饲养更为普遍。宋《谈志》旧编云："安吉、长兴接近江东，多畜白羊……乡土间有无角斑黑而高大者曰胡羊。"浙江、江苏两省交界的太湖流域气候温和、雨量充沛，属农作物产区，蚕桑业发达，农副产品充足。终年舍饲，经长期风土驯化、选择、生态环境及社会经济的影响而形成。

湖羊具有早熟、四季发情、多胎多羔、繁殖力强、泌乳性能好、生长发育快、肉质好、耐高温高湿等优良性状。主要分布于我国太湖地区，由于受到太湖的自然条件和人为选择的影响，逐渐育成一个独特的稀有品种。

湖羊皮是我国传统出口特产之一，与其他绵羊羔皮不同，初生羊羔毛色洁白、光泽很强、有天然波浪花纹，是国际上稀有的一种白色羔皮，畅销欧美、日本、澳大利亚等地。

群体数量及变化

上海永辉羊业有限公司是上海市唯一湖羊原种场，饲养单一湖羊品种。2002 年建场时引进浙江、江苏和上海嘉定区的湖羊种羊组建 6 个家系。截至 2022 年底，湖羊原种场存栏量为 6 500 只。

公司成立至 2016 年前饲养量一直维持在 8 000 只左右，后因羊舍标准化改造导致面积减少，2017 年饲养量开始下降，至 2020 年仅存栏 3 500 只，目前已恢复至 6 500 只。

体型外貌

■ 体型外貌特征

毛色和皮肤白色，初生羔羊被毛呈水波纹状。头型适中，额平。头狭长，公、母均无角。鼻梁隆起，细长。多数耳大，下垂。颈细长，无肉垂。体躯狭长，背腰平直，体态中等，躯干长方，胸窄浅，背平。四肢细，腿高。蹄黄色，质硬。短脂尾、扁平，尾尖上翘。睾丸椭圆形，下垂，左右匀称，无隐睾。乳房碗形，大小适中。乳头大小一致，部分羊有附乳头。

■ 体重和体尺

2022 年，湖羊体重和体尺由上海永辉羊业有限公司测定，测定公羊 20 只、母羊 60 只，结果见表 1。

表1 · 体重和体尺

项　　目	公	母
月龄（月）	21 ± 2.3	24 ± 0.0
体重（kg）	97.7 ± 5.0	69.7 ± 8.2
体高（cm）	96.1 ± 5.5	71.3 ± 3.5
体长（cm）	108.6 ± 7.4	68.6 ± 4.9
胸围（cm）	108.7 ± 7.3	98.6 ± 5.2
管围（cm）	8.5 ± 1.4	6.6 ± 0.4

生产性能

生长发育性能

2022 年，湖羊生长发育性能由上海永辉羊业有限公司测定，测定公羊和母羊各 60 只，结果见表 2。

表 2 · 生长发育性能

项　　目	公	母
初生重（kg）	4.05 ± 0.54	3.67 ± 0.50
断奶重（kg）	19.53 ± 2.42	17.62 ± 2.45
6 月龄重（kg）	41.40 ± 4.14	37.95 ± 5.32
12 月龄重（kg）	62.50 ± 7.02	47.96 ± 3.05

屠宰性能和肉品质

2022 年 3 月，湖羊屠宰性能和肉品质由上海永辉羊业有限公司测定，测定 6 月龄公羊和母羊各 15 只，结果见表 3 和表 4。

表 3 · 屠宰性能

项　　目	公	母
宰前活重（kg）	63.53 ± 4.24	47.03 ± 1.91
胴体重（kg）	33.77 ± 2.98	26.98 ± 1.25
净肉重（kg）	21.41 ± 1.47	17.70 ± 1.07
屠宰率（%）	53.08 ± 1.42	57.35 ± 0.84
净肉率（%）	33.71 ± 0.76	37.63 ± 1.54
胴体净肉率（%）	63.55 ± 2.15	65.63 ± 2.87
眼肌面积（cm^2）	17.12 ± 2.14	15.54 ± 1.49
GR 值（mm）	15.82 ± 1.93	21.06 ± 2.36

（续表）

项　目	公	母
背脂厚（mm）	8.98 ± 1.92	10.44 ± 1.54
尾重（g）	803.30 ± 134.70	726.70 ± 87.30

表4·肉品质

项　目		公	母
肉色	L	38.30 ± 2.51	36.57 ± 1.13
	a	11.51 ± 0.78	11.48 ± 0.96
	b	10.17 ± 1.06	9.84 ± 1.31
pH		5.71 ± 0.13	5.68 ± 0.13
干物质（%）		23.97 ± 0.81	24.28 ± 1.70
蛋白质含量（%）		21.22 ± 0.46	21.04 ± 0.57
脂肪含量（%）		2.27 ± 0.34	3.71 ± 1.49
滴水损失（%）		2.32 ± 0.27	2.45 ± 0.24
熟肉率（%）		53.77 ± 1.47	53.65 ± 1.63
剪切力（N）		45.56 ± 4.68	44.12 ± 1.77

▪ 产奶性能

湖羊产奶性能测定结果见表5。

表5·产奶性能

数量（只）	平均胎次（胎）	产奶天数（d）	总产奶量（kg）
42	2.2 ± 0.8	50	42.5 ± 12.0

▪ 繁殖性能

公羊初情期在4～5月龄，6月龄达到性成熟，初配年龄在11～12月龄。上海永辉羊业有限公司配种方式为人工授精，测定种公羊精子密度为 16.6 亿个 /ml，精子活力 88%，利用年限 2.5 年。

母羊初情期在 3～4 月龄，5 月龄以上即可达到性成熟，初配年龄在 7.5 月龄，产羔率 230%；发情期 17.5 d，妊娠期 147.5 d，常年发情。

■ 湖羊羔皮

2021 年 11 月，上海永辉羊业有限公司测定 30 张湖羊羔皮，其中公羔皮和母羔皮各 15 张。湖羊羔皮性状测定结果见表 6～表 8。

表6 · 羔皮性状（1）

花纹类型			花案面积				荐部毛长（cm）	花纹宽度（cm）
波浪形（%）	片花形（%）	无花纹（%）	1/4（%）	2/4（%）	3/4（%）	4/4（%）		
86.67	—	13.33	—	19.23	42.31	38.46	2.1 ± 0.2	1.7 ± 0.2

表7 · 羔皮性状（2）

花纹明显度（%）			花纹紧贴度（%）			被毛光泽（%）		
明	明 −	明 =	紧	紧 −	紧 =	光 +	光	光 −
38.46	53.85	7.69	30.77	50.00	19.23	13.33	76.67	10.00

表8 · 羔皮性状（3）

羔皮等级	比 例（%）
特级	13.33
一级	13.33
二级	50.00
三级	10.00
等外	13.33

饲养管理

湖羊对环境条件有较强的适应能力，不仅能在江南水乡夏季潮湿闷热的羊舍栏饲养生活，还能在生态条件极为恶劣的新疆古尔班通古特沙漠边缘莫索湾放牧生活。湖羊性情温顺、食性杂、易管理、喜舍饲生活。各种青草、干草，以及农作物秸秆等农副加工产品均可作为饲料。湖羊的这一优异特性为引湖羊过长江和向全国推广奠定了极为重要的基础。

湖羊性情温和、适应性强，饲养采用全舍饲方式、TMR 饲喂、人工授精，成年羊占栏每只 1.2 m² 左右。饲料组成主要为 TMR 配合料（草料、青贮、配合精料、糟类），哺乳羔羊补饲精饲料。传染病类口蹄疫、小反刍兽疫、羊痘、布鲁氏菌易感，寄生虫类线虫、绦虫、吸虫易感，通过免疫预防、净化、限制自然生长类野草饲喂，可有效防控。

品种保护

2009 年，湖羊被列入《上海市畜禽遗传资源保护名录》，每年均有专项经费安排。

上海永辉羊业有限公司是上海地区湖羊保种工作的实施主体，占地规模约 4.3 hm²（65 亩），养殖场内按照功能合理布局，人员、洁净物流、污物流设置清晰，建造了标准全封闭式羊舍近 12 500 m²。

公司作为上海市唯一湖羊原种场、上海市农业循环经济项目单位，其集约化养羊规模、全舍饲高床漏缝地板养羊工艺、自动喷雾消毒设施、羊粪尿干湿分离、自动刮粪系统和农牧结合、资源综合利用的循环经济模式，是上海地区专业从事养羊、有机肥生产相结合的现代畜牧业产业化示范基地。

上海市畜禽遗传资源基因库现存湖羊精液 2 535 支、体细胞 32 份、胚胎 370 枚。

评价和利用

■ 品种评价

上海湖羊整体上来看，与其原始祖先及西方品种羊遗传距离较远，与中东地区羊和非洲地区羊遗传距离较近，推断可能是之前的引种改良，导入了其他邻国地区品种的血缘有关。公、母羊数量分布均匀，从一定程度上反映了湖羊群体遗传多样性良好，且血统数目较多，后续可利用家系中公、母羊进一步进行选种选配。

湖羊具有性成熟早、常年发情、多羔、繁殖率强而稳定的优良特性；其早期生长快，耐热、耐湿、耐寒、适应性强，以及性格温顺、适应舍饲，是肉羊产业发展理想的优良母本。

■ 开发利用

上海永辉羊业有限公司是上海市湖羊原种场，饲养单一湖羊品种，以湖羊种业发展为方向。公司培育优良湖羊种源供应全国羊业产区，"永辉羊园"湖羊获评上海市名牌产品。公司以湖羊种羊生产、销售为主业，主要销往本市及浙江、江苏、河南、新疆等地。2020—2021年销售5 300余只。

图片资料

湖羊 公羊

湖羊 母羊

② 长江三角洲白山羊

一般情况

■ 品种名称及类型

长江三角洲白山羊（Yangtse River Delta White goat），当地称崇明白山羊，属地方品种，为笔料毛型山羊，现以肉、毛、皮兼用为主。

■ 原产地、中心产区及分布

长江三角洲白山羊（崇明白山羊）原产地位于上海市崇明区，主要分布在崇明及周边地区，目前中心产区主要分布于崇明区三星镇、中兴镇等地。

■ 产区自然生态条件

崇明区由崇明、长兴、横沙三岛组成，三岛陆域总面积 1 413 km²。三面环江、一面临海，西接长江，东濒东海，南与浦东新区、宝山区及江苏省太仓市隔水相望，北与江苏省海门市、启东市一衣带水。地处北亚热带，气候温和湿润，年平均气温 16.5℃，日照充足，雨水充沛，四季分明。全域水土洁净，空气清新，生态环境优良。

崇明岛位于西太平洋沿岸中国海岸线的中点地区，地理位置在东经 121°09′30″～121°54′00″、北纬 31°27′00″～31°51′15″，地处中国最大河流长江入海口，是世界最大的河口冲积岛，也是中国仅次于台湾岛、海南岛的第三大岛屿，素有"长江门户、东海瀛洲"之称。全岛面积 1 269.1 km²，东西长 80 km，南北宽 13～18 km。岛上地势平坦，无山岗、丘陵。西北部和中部稍高，西南部和东部略低。90% 以上的土地标高（以吴淞标高 0 m 为参照）介于 3.21～4.20 m 之间。

土壤肥沃，富含有机质，主要为黄棕壤或黄褐土。农作物种类繁多，粮食作物主要有水稻、小麦、蚕豆、玉米、薯类、大豆等。

品种形成与发展

■ 品种形成及历史

据《崇明县志》记载，崇明岛形成于唐代武德年间（618—626 年），居民大多是从江苏句容一带迁来，白山羊随移民进入崇明岛及邻近地区。当地群众素有饲养山羊的习惯，经过世世代代的不断选育提高，逐步形成产品独特、适应性强的地方优良品种。

■ 群体数量及变化

20 世纪 90 年代，鉴于纯种崇明白山羊个体小、生长速度慢、经济效益差等原因，先后从浙江省引进南江黄羊、萨能奶山羊，从江苏省引进黄淮山羊，与本地白山羊开展杂交利用，杂交山羊生长速度和成年体重有很大提高。在此过程中，崇明白山羊纯种群体也急剧萎缩，截至 2022 年底，崇明白山羊原种羊场（保种场）存栏白山羊 945 只，其中种公羊 44 只、后备公羊 49 只、成年母羊 445 只、后备母羊 142 只、羔羊 65 只、肉羊 200 只，三代内无血缘关系的家系数 8 个。

体型外貌

■ 体型外貌特征

崇明白山羊体型中等偏小。全身毛色洁白，被毛紧密、柔软，富有光泽、韧性和弹性，属粗毛类型。公羊颈背和胸部被有长毛，额毛较长。皮肤呈白色。头较长直，呈三角形。额突出，面微凹，鼻梁平直。耳直立、灵活，向外上方伸展。眼大，突出，有神。公、母羊均有角，向后上方外倾斜，呈倒八字形。公羊角粗大，母羊角细短。公、母羊颌下均有长须，部分有肉垂。公羊背腰平直，前胸较发达，后躯较窄；母羊背腰微凹，前胸较窄，后躯较宽深。蹄壳坚实，呈乳黄色。尾短而上翘。乳房发育良好，母羊性情温顺，公羊好斗。

■ 体重和体尺

2022 年，上海崇明园都畜牧养殖有限公司测定 209 只、540 日龄的崇明白山羊，其中公羊 113 只、母羊 96 只，体重和体尺测定结果见表 1。

表1·体重和体尺

项　目	公	母
体重（kg）	35.14 ± 4.88	25.27 ± 3.90
体高（cm）	60.71 ± 3.37	54.55 ± 2.43
体长（cm）	66.93 ± 3.84	61.36 ± 3.56
胸围（cm）	80.00 ± 6.85	73.55 ± 5.25
管围（cm）	6.89 ± 0.71	6.75 ± 0.52

生产性能

生长发育性能

2022 年，崇明白山羊生长发育性能由上海崇明园都畜牧养殖有限公司测定，测定公羊和母羊各 15 只。结果见表 2。

表 2 · 生长发育性能

项　　目	公	母
初生重（kg）	1.72 ± 0.31	1.55 ± 0.27
断奶重（kg）	7.23 ± 1.45	6.17 ± 1.34
6 月龄重（kg）	12.33 ± 1.79	9.82 ± 1.68
12 月龄重（kg）	22.60 ± 4.96	15.85 ± 2.30

屠宰性能和肉品质

2022 年，崇明白山羊 12 月龄屠宰性能和肉品质由上海崇明园都畜牧养殖有限公司测定，测定公羊和母羊各 15 只，结果见表 3 和表 4。

表 3 · 屠宰性能

项　　目	公	母
宰前活重（kg）	23.68 ± 2.84	15.33 ± 2.69
胴体重（kg）	12.71 ± 2.11	6.83 ± 1.55
净肉重（kg）	8.46 ± 1.48	4.27 ± 1.05
屠宰率（%）	53.37 ± 3.16	44.35 ± 4.48
内脏脂肪重（kg）	1.09 ± 0.63	0.20 ± 0.15
胴体净肉率（%）	66.53 ± 2.87	62.27 ± 2.12
净肉重（kg）	8.46 ± 1.48	4.27 ± 1.05
GR 值（mm）	12.85 ± 2.86	6.97 ± 1.64

（续表）

项　目	公	母
骨重（kg）	3.68 ± 0.42	1.94 ± 0.35
肉骨比（%）	2.29 ± 0.27	2.19 ± 0.35

表4 · 肉品质

项　目		公	母
肉色	L	36.89 ± 2.61	42.66 ± 3.44
	a	10.25 ± 0.93	13.48 ± 2.82
	b	8.34 ± 1.19	12.21 ± 1.64
pH		6.45 ± 0.20	6.28 ± 0.36
眼肌面积（cm²）		9.10 ± 1.04	4.87 ± 1.12
剪切力（N）		69.01 ± 9.88	60.85 ± 9.76
滴水损失（%）		1.15 ± 0.33	1.48 ± 0.38
熟肉率（%）		58.63 ± 2.37	62.22 ± 2.82
干物质（%）		26.31 ± 1.45	24.95 ± 1.39
蛋白质（%）		21.09 ± 0.58	20.51 ± 0.63
脂肪（%）		4.71 ± 1.33	4.17 ± 1.71

■ 繁殖性能

崇明白山羊具有早熟、多羔特点，公、母羊一般4～5月龄即性成熟。母羊一年四季均可发情，尤以春、秋季发情居多。传统零星养殖初配年龄为公羊8～9月龄、母羊7～8月龄；规模化养殖适配年龄多延后，年龄和体重均达标以后进行，公羊大于15月龄、体重25 kg以上，母羊10月龄、体重15 kg以上。发情周期平均18 d，发情持续期48～60 h，配种适期为发情开始后20～24 h，妊娠期为140～150 d，平均妊娠期为145 d。目前，上海崇明园都畜牧养殖有限公司崇明白山羊配种方式以自然交配为主，经测定种公羊精子密度为17.1亿个/ml，精子活力86%。

一般经产母羊 2 年产 3 胎，每胎产双羔居多。据测定，85 只初产母羊的平均每胎产羔数为 1.99 只 ±0.07 只；75 只第二胎母羊平均每胎产羔数为 2.27 只 ±0.08 只；73 只第三胎及以上母羊平均每胎产羔数为 2.41 只 ±0.09 只，尤以 3 ~ 5 胎的经产母羊繁殖率最高。

崇明白山羊种羊的使用年限较长，公羊使用 4 ~ 6 年、母羊使用 7 ~ 8 年仍可保持良好的繁殖性能。

饲养管理

崇明白山羊是经过长期选种选育保存下来的优良品种，具有良好的耐粗性，对本地的气候环境具有较强的适应性。

崇明白山羊饲养过程中，需要足够的羊舍空间，做到能避雨、冬暖夏凉、夏季能通风、冬季能保暖；养殖过程中要备足草料，主要包括干稻草、玉米秸秆、青草等粗料，玉米、豆粕等精料。

加强妊娠母羊饲养管理，防止流产、早产和死胎。母羊产羔后需根据体况适当补充精料，助其恢复体力。

品种保护

2009 年以来，崇明白山羊被列入《上海市畜禽遗传资源保护名录》，每年均有专项经费。

上海崇明园都畜牧养殖有限公司是崇明白山羊保种工作的实施主体，占地规模约 3 hm^2（40 余亩），养殖场内按照功能合理布局，人员、洁净物流、污物流设置清晰，建有标准封闭式羊舍近 3 000 m^2，并配套粪污处理设施等，场内存栏纯种崇明白山羊 1 000 余只。在生产方式上实现喂料、清粪及内环境控制的自动化、饲草料配制与应用的标准化和集移动互联网、大数据处理及物联网技术于一体的信息化管理。场址远离居民区和主干道，三面环绕宽达数百米的人工林形成天然的防疫隔离屏障。高床养殖、自繁自养的生产方式。完善的防疫消毒设施和制度，自动化喂料和清粪系统可最大限度减少各类病原微生物对场内羊的影响。成熟的信息化管理模式、多年的种羊管理经验可确保每只羊的系谱资料清晰可查，养殖全程可追溯。

此外，除保种场保种外，崇明白山羊遗传材料还保存于上海市畜禽遗传资源基因库，现存崇明白山羊精液 4 760 支、体细胞 120 份、胚胎 370 枚；国家畜禽遗传资源基因库保存崇明白山羊精液 2 550 支、胚胎 105 枚。

2021 年，对保种场 600 只崇明白山羊进行了基因分型，开展了群体遗传多样性分析，结合基因组亲缘关系和聚类分析，表明群体的遗传多样性较好，有效群体含量达到 86 只，群体的多态性标记比例达到 0.993。以公羊相互间分子亲缘关系大于等于 0.1 为标准进行聚类，170 只公羊样本可以划分为 30 个家系。

评价和利用

■ 品种评价

崇明白山羊属于优良的地方畜禽遗传资源，为肉、皮、毛兼用山羊品种。具有早熟、多羔，耐高温高湿、耐粗饲、适应性强、抗病力强等优点；主要缺点是个体较小、肉用性能较差，今后应加强本品种选育，着重提高其产肉性能。

2011 年农业农村部批准对崇明白山羊实施农产品地理标志登记保护。

■ 开发利用

目前崇明白山羊主要作为母本用于杂交利用，1992 年存栏 19.29 万只，2005 年存栏 8.18 万只，2021 年存栏 10.09 万只。

图片资料

长江三角洲白山羊（崇明白山羊）公羊

长江三角洲白山羊（崇明白山羊）母羊

③ 湘东黑山羊

一般情况

▪ 品种名称及类型

湘东黑山羊（Xiangdong Black goat），属地方品种，为皮肉兼用型山羊。

▪ 原产地、中心产区及分布

湘东黑山羊原产于湖南省浏阳市，分布于湖南省的长沙、株洲、醴陵、平江及江西省的铜鼓等地。2021年4月由上海歧创农业科技有限公司从湖南省浏阳市引入，饲养于上海市松江区石湖荡镇新姚村。

品种形成与发展

▪ 品种形成及历史

湘东黑山羊原产于湖南省浏阳市。于2021年4月从浏阳市引入品种进行饲养。据《浏阳县志》记载，在明代中叶，当地群众就有用本地的黑公羊、黑公鸡、黑公狗熬膏作滋补强身之用，可见在当时已有饲养。后经不断选优去劣，逐渐形成湘东黑山羊。

▪ 群体数量及变化

第三次普查结果显示，湘东黑山羊能繁母羊120只、公羊9只，群体数量呈不断增长的态势；引种时间较短，品种特征无明显变化。

体型外貌

▪ 体型外貌特征

湘东黑山羊被毛为全黑色，油光发亮。头小而清秀，眼大、有神，耳斜立，额面微突起，鼻梁稍拱。公、母羊均有角，呈灰黑色。公羊角向后两侧伸展，呈镰刀状，背腰平直，四肢短直，蹄壳结实，尾短而上翘，公羊被毛比母羊稍长。母羊角短小，向上斜伸，呈倒八字形。颈稍细长，颈肩结合良好，胸部狭窄，后躯发达，十字部高于鬐甲，体躯稍呈楔形，乳房发育良好。

▪ 体重和体尺

2022 年，由上海歧创农业科技有限公司测定 12 月龄湘东黑山羊公羊 8 只、母羊 60 只，体重和体尺结果见表 1。

表 1 · 体重和体尺

项　　目	公	母
体重（kg）	33.6 ± 4.4	24.6 ± 2.3
体高（cm）	67.6 ± 6.5	52.6 ± 2.9
体长（cm）	65.7 ± 3.6	60.0 ± 3.0
胸围（cm）	77.0 ± 5.6	66.9 ± 2.7
管围（cm）	9.2 ± 1.3	8.2 ± 1.0

生产性能

▪ 生长发育性能

2022 年，湘东黑山羊生长发育性能测定结果见表 2。

表 2 · 生长发育性能

项　　目	公	母
初生重（kg）	2.34 ± 0.53	1.73 ± 0.35
断奶重（kg）	8.93 ± 2.40	7.14 ± 0.79
6 月龄重（kg）	20.02 ± 4.31	12.92 ± 3.55
12 月龄重（kg）	28.18 ± 7.08	24.37 ± 7.51

■ 屠宰性能和肉品质

2022 年，由上海歧创农业科技有限公司测定 12 月龄湘东黑山羊屠宰性能和肉品质，公、母羊各 6 只，具体数据见表 3 和表 4。

表 3 · 屠宰性能

项　　目	公	母
宰前活重（kg）	28.75 ± 6.20	23.00 ± 4.53
胴体重（kg）	18.10 ± 3.60	13.82 ± 1.47
净肉重（kg）	16.30 ± 3.39	12.44 ± 1.31
骨重（kg）	1.86 ± 0.26	1.38 ± 0.20
内脏脂肪重（kg）	0.91 ± 0.27	1.58 ± 1.02
屠宰率（%）	58.04 ± 3.28	54.46 ± 5.93
净肉率（%）	51.43 ± 3.02	48.36 ± 5.10
肉骨比	8.78 ± 1.23	9.15 ± 1.01
背膘厚（mm）	4.92 ± 1.60	6.07 ± 0.64
GR 值（mm）	11.75 ± 2.92	12.16 ± 0.57

表 4 · 肉品质

项　　目	公	母
pH	6.00 ± 0.16	6.10 ± 0.25

（续表）

项　目		公	母
肉色	L	40.73 ± 3.71	40.47 ± 1.99
	a	10.20 ± 0.54	9.54 ± 0.83
	b	9.91 ± 1.88	9.57 ± 1.11
干物质（%）		24.67 ± 1.60	23.60 ± 0.40
蛋白质含量（%）		20.39 ± 0.54	20.66 ± 0.57
脂肪含量（%）		3.29 ± 1.50	2.08 ± 0.50
滴水损失（%）		1.73 ± 0.24	1.82 ± 0.84
熟肉率（%）		55.25 ± 2.14	53.94 ± 2.11
剪切力（N）		80.99 ± 24.05	100.86 ± 7.78

繁殖性能

湘东黑山羊公、母羊均 3 月龄性成熟。初配年龄为公羊 6 ~ 8 月龄、母羊 4 ~ 5 月龄。母羊四季发情，但发情多数集中在春、秋两季。发情周期 16 ~ 21 d，妊娠期 147 d 左右。一年产两胎，且多产双羔，产羔率达 380% 左右。

饲养管理

湘东黑山羊形成于丘陵山区，原先长期适应山区自然、地理条件，喜欢在山高路险、岩壁陡峭山上觅食，且行动自如。摸索山羊舍饲规模化养殖方法，在引入地表现出良好的适应性。通过完善免疫程序，定期开展抗体和病原学检测，提高了舍饲养殖的成活率。使用优质原料，合理配比饲料，精细化饲喂提高了繁殖和生长性能。同时，利用信息管理系统，精确掌握每只羊各阶段的生产性能，及时进行选种选配。

品种保护

湘东黑山羊是原产于湖南的地方优良品种，湖南省采用保种场保护，2001 年建立了湘东黑山羊原种场。2004 年 8 月发布了《湘东黑山羊》（NY 810—2004）农业行业标准。

评价和利用

品种评价

湘东黑山羊具有适应性强、繁殖力高、产肉性能好、适宜放牧等特性。采取本品种选育和杂交育种相结合、保种与开发利用相结合的方法，着力提升湘东黑山羊的繁殖和生长性能。在改良品种的基础上，完善养殖环境，做好疫病防控，科学合理饲喂，以期获得更好的肉品质。

开发利用

2021 年 4 月，由上海歧创农业科技有限公司从湖南省浏阳市引入，目前正开展黑山羊的扩繁和杂交组合筛选工作。在改良品种的基础上，改善养殖状况，以期获得更好的繁殖性能。现已开展努湘和云湘等杂交组合，生长速度和抗病力明显提高。已注册"歧创古松黑山羊"商标。

图片资料

湘东黑山羊 公羊

湘东黑山羊 母羊

④ 云上黑山羊

一般情况

品种名称及类型

云上黑山羊（Yunshang Black goat），属培育品种，为肉用型山羊。

品种分布

分布于上海市松江区石湖荡镇新姚村。

品种形成与发展

培育单位和参加培育单位

云上黑山羊是由云南省畜牧兽医科学院联合云南省种羊繁育推广中心和相关养殖企业培育而成。

育种素材和培育方法

云上黑山羊以努比亚黑山羊为父本、云岭黑山羊为母本，经 22 年、5 个世代系统选育而成的一个黑色肉用山羊品种。2019 年，中华人民共和国农业部第 168 号公告云南省畜牧兽医科学院主持培育的"云上黑山羊"新品种顺利通过国家畜禽遗传资源委员会审定，新品种证书号为"农 03 新品种证字第 18 号"。

品种数量情况

云上黑山羊为引入种公羊，作为杂交育种的终端父本，数量无变化。

体型外貌

云上黑山羊被毛全黑，短而富有光泽。体质结实，结构匀称，体躯较大，肉用特征明显。公、母羊均有角，呈倒八字形。两耳长、宽而下垂。鼻梁稍隆起。颈长短适中，胸部宽深，背腰平直，腹大而紧凑，臀、股部肌肉丰满。四肢粗壮，肢势端正，蹄肢坚实。公羊胸颈部有明显皱褶，睾丸大小适中、对称；母羊乳房柔软有弹性，乳头对称。

生产性能

生长发育性能

云上黑山羊生长发育性能见表1。

表1 · 生长发育性能

项　　目	公	母
初生体重（kg）	3.55 ± 0.69	3.26 ± 0.64
70 日龄体重（kg）	20.35 ± 4.49	16.09 ± 2.88
12 月龄体重（kg）	53.17 ± 5.78	41.47 ± 5.84
成年体重（kg）	75.79 ± 8.44	56.49 ± 6.76

屠宰性能

6 月龄公羊宰前体重不低于 35.0 kg，周岁公羊宰前体重不低于 50.0 kg，屠宰率 50.0% 以上。成年公羊宰前体重不低于 70.0 kg，屠宰率 55.0% 以上。

繁殖性能

常年发情。公羊初情期 4~5 月龄，初配年龄为 12 月龄。母羊初情期 4~5 月龄，初配年龄为 10 月龄左右，初配体重不低于 35.0 kg。母羊妊娠期为 148.90 d ± 2.78 d。

初产母羊产羔率 181.73%，经产母羊产羔率 232.00%。

饲养管理

云上黑山羊在调入地表现出良好的适应性，引入后无疫病发生。通过使用优质原料，合理配比饲料，维持公羊营养需求；定期开展抗体和病原学检测，做好疫病预防，保障公羊健康。

在我国的研究及利用现状

通过做好云上黑山羊种公羊的日常饲养管理和疫病防控，最大程度维护其繁殖性能。引入的种公羊作为杂交育种的终端父本利用。

2019 年，云上黑山羊育种群规模达 2.3 万余只、商品群 260 余万只，在云南省 13 个州（市）80 余个县，以及广西、贵州、福建、湖南、重庆、四川、海南和甘肃等省份推广应用，表明云上黑山羊适宜于舍饲、放牧 + 补饲或全放牧的饲养方式，并能广泛适应于低海拔河谷地区（低于 1 000 m）到较高海拔（2 000 m）的冷凉区，适合在我国南方山羊养殖主产区推广，具有广阔的应用前景。

资源评价

云上黑山羊具有被毛全黑、生长发育快、常年发情、繁殖力高、产肉性能好、适应性强和耐粗饲等优良特性，可作为杂交父本利用。

图片资料

云上黑山羊 公羊

云上黑山羊 母羊

⑤ 努比亚黑山羊

一般情况

■ 品种名称及类型

努比亚黑山羊（Nub Black goat），属引入品种，为乳肉兼用型山羊。

■ 原产地、中心产区及分布

努比亚黑山羊原产于非洲东北部的埃及、利比亚，以及英国、美国等国家，东欧及南非也有分布。我国在 1995 年就曾引入饲养。上海地区努比亚黑山羊于 2021 年 8 月从广西南宁市引进，饲养于上海市松江区石湖荡镇新姚村。

体型外貌

■ 体型外貌特征

努比亚黑山羊头型大小适中，公羊有角、呈镰刀形，两耳大、长而下垂，鼻梁稍隆起，颈粗短，有皱褶和肉垂，胸部宽深，背腰平直，腹大而紧凑，臀、股部肌肉丰满，四肢粗壮，腿高，肢势端正，蹄肢为黑色并坚实，尾巴短而瘦。

■ 体重和体尺

成年努比亚黑山羊的体重和体尺具体见表 1。

表1·**体重和体尺**

项　　目	公	母
月龄（月）	24	24
体重（kg）	59.3	48.0

（续表）

项　目	公	母
体高（cm）	68.3	61.8
体长（cm）	81.5	72.7
胸围（cm）	87.2	73.0
管围（cm）	9.8	8.7

生产性能

■ 生长发育性能

努比亚黑山羊生长发育性能见表 2。

表 2 · 生长发育性能

月　龄	公羊重（kg）	母羊重（kg）
1	10.12 ± 0.97	8.94 ± 1.12
3	24.57 ± 1.34	20.38 ± 1.49
6	48.89 ± 3.45	43.38 ± 2.78
24	59.30 ± 0.00	48.00 ± 0.00

■ 屠宰性能

努比亚黑山羊产肉率较高，成年公羊、母羊屠宰率分别为 51.98%、49.20%，净肉率分别为 40.14%、37.93%，6 月龄努比亚黑山羊屠宰性能具体见表 3。

表 3 · 屠宰性能

项　目	数　值
宰前活重（kg）	48.96 ± 2.36
胴体重（kg）	24.59 ± 1.86

（续表）

项　　目	数　　值
净肉重（kg）	19.06 ± 1.35
屠宰率（%）	50.24 ± 1.69
净肉率（%）	38.93 ± 0.79
肉骨比	3.82 ± 0.34
眼肌面积（cm²）	13.45 ± 0.39

■ 繁殖性能

努比亚黑山羊公羊初情期为 6 ~ 9 月龄，性成熟年龄为 8 ~ 10 月龄，初配年龄为 9 ~ 12 月龄。母羊常年发情，初情期为 5 ~ 7 月龄，性成熟年龄为 5 ~ 7 月龄，初配年龄为 9 ~ 12 月龄，发情周期为 19 ~ 21 d，妊娠期为 146 ~ 152 d，产羔率为 200%。

饲养管理

努比亚黑山羊在引入地表现出良好的适应性，引入后无疫病发生。通过增强种公羊运动，增强公羊体质；通过使用优质原料，合理配比饲料，维持公羊营养需求；定期开展抗体和病原学检测，做好疫病预防，保障公羊健康。

在我国的研究及利用现状

引入努比亚黑山羊后，通过做好种公羊的日常饲养管理和疫病防控，最大程度维护公羊的繁殖性能，引入的种公羊作为杂交育种的终端父本。

资源评价

努比亚黑山羊具有个体大、生长速度快、繁殖性能高、耐热、耐粗饲、适应能力强、肉质细嫩、膻味小等特点，可作为终端父本用于提高其他地方品种生长性能。

图片资料

努比亚黑山羊 公羊

努比亚黑山羊 母羊

兔

① 新西兰白兔

一般情况

■ 品种名称及类型

新西兰白兔（New Zealand White rabbit），又称白色新西兰兔，属引入品种，为中型肉用兔和实验用兔品种。

■ 原产国及在我国的分布情况

新西兰白兔原产于美国，因具有早期生长快、产肉性能好、药敏性强等特点而成为世界最主要的肉用兔品种和国际公认的实验用兔品种。新西兰白兔在世界大多数国家和地区皆有分布。国内中心产区为上海，分布区域覆盖 20 多个省（自治区、直辖市）。

品种形成与发展

品种形成历史或国外培育单位

新西兰白兔是近代最著名的优秀品种之一，由美国加利福尼亚州于 20 世纪初用弗朗德巨兔、美国白兔和安哥拉兔等杂交选育而成。

品种引进时间及引进单位

1980 年 5 月，由中国科学院上海实验动物中心从日本引进新西兰白兔种群，1989 年、2002 年该中心再次引进新西兰白兔种群以补充血统。目前，国内各大实验兔饲养场的种源大部分来源于中国科学院上海实验动物中心。上海奉贤辉煌养殖场 2009 年从中科院上海实验动物中心引进了新西兰白兔，并进行扩繁和商品化销售。

引进数量及国内生产情况

上海奉贤辉煌养殖场和上海腾达兔业专业合作社存栏 1 万多只新西兰白兔，生产性能表现优秀，每年向国内十多个省（自治区、直辖市）推广 10 万只左右的商品兔，主要作为实验动物用兔，也作为肉兔供应。

体型外貌

体型外貌特征

新西兰白兔体型中等，全身白色，结构匀称，被毛浓密，头颈粗短，额宽，眼呈粉红色，两耳宽厚、短而直立，腰肋丰满，背腰平直，臀肥圆，四肢较短，脚毛丰厚，适于笼养。

体重和体尺

根据 2022 年上海奉贤辉煌养殖场对公、母各 30 只的 6 月龄新西兰白兔的测定，其体重和体尺数据见表 1。

表 1 · 体重与体尺

项　目	公	母
月龄（月）	6	6
体重（g）	3 119 ± 350.1	3 083 ± 309.5
体长（cm）	51.8 ± 0.8	50.2 ± 0.5
胸围（cm）	27.3 ± 0.6	27.3 ± 0.7
耳长（cm）	16.2 ± 0.3	16.3 ± 0.2
耳宽（cm）	7.6 ± 0.4	7.5 ± 0.4

生产性能

▪ 屠宰性能

新西兰白兔屠宰性能好，肉质细嫩。据上海奉贤辉煌养殖场对 20 个家系 3 月龄新西兰白兔屠宰测定结果，半净膛率为 62.19% ± 2.46%、全净膛率为 50.87% ± 2.42%。具体数据见表 2。

表 2 · 屠宰性能

项　目	公	母
活重（g）	2 552.00 ± 474.60	2 643.00 ± 382.10
半净膛重（g）	1 601.00 ± 288.70	1 626.00 ± 222.20
半净膛率（%）	62.74 ± 2.98	61.61 ± 1.64
全净膛重（g）	1 310.00 ± 262.10	1 337.00 ± 199.30
全净膛率（%）	51.15 ± 3.06	50.58 ± 1.51

▪ 繁殖性能

新西兰白兔 4～5 月龄性成熟，5.5～6.5 月龄适宜初配，种兔雌雄比例一般为

1：4，年产 5~6 胎，平均胎产仔数 6~8 只。据上海奉贤辉煌养殖场遗传资源调查测定，新西兰白兔的繁殖性能见表 3。

表 3 · 繁殖性能

项　　目	数　　值
妊娠期（d）	30.6 ± 1.2
窝产仔数（只）	7.8 ± 1.0
窝产活仔数（只）	7.6 ± 0.8
初生重（g）	66.0 ± 8.4
21 日龄体重（g）	425.0 ± 5.3
30 日龄断奶窝重（g）	597.0 ± 63.0
30 日龄断奶成活率（%）	90.0 ± 10.0

评价和利用

新西兰白兔作为著名的肉用兔品种，最明显的优势是早期生长快，骨细、肉多、内脏小，产肉能力高且肉质松嫩可口，毛质皮板良好，泌乳性能好，母性强，仔兔成活高，性情温驯，易于管理，适于集约化笼养，具有饲养周期短、出栏快、产肉能力高的特点，市场前景广阔。

新西兰白兔是生物医学实验研究中最常用的动物之一，广泛应用于皮肤反应实验、热源实验、致畸形实验、毒性实验和胰岛素检定外，也常用于妊娠诊断、人工授胎试验、计划生育研究和制造诊断血清等。中国科学院上海实验动物研究中心作为国家啮齿类实验动物种子中心上海分中心的依托单位，是国内较早引进并进行规模化生产和供应的单位，目前国内大部分地区的兔种基本引自于该中心。进入 21 世纪，随着国内实验用兔向专业化、产业化方向发展，以及培育肉兔专门化品系逐渐成为肉用兔育种的新潮流，对新西兰白兔的需求更加广泛。

图片资料

新西兰白兔　公兔

新西兰白兔　母兔

② 日本大耳白兔

一般情况

▪ 品种名称及类型

日本大耳白兔（Japanese Large-ear White rabbit），又称日本大白兔，属引入品种，以两耳特别长大而闻名，为中型肉用兔和实验用兔品种。

▪ 原产国及在我国的分布情况

日本大耳白兔原产于日本，在世界大多数国家和地区皆有分布。国内中心产区为上海，分布区域覆盖 20 多个省（自治区、直辖市）。

品种形成与发展

▪ 品种形成历史

日本大耳白兔是在 20 世纪 50 年代以前以中国白兔为基础与日本兔杂交培育而成，因其耳大、血管清晰，适于注射与采血，被广泛用作实验兔。

▪ 品种引进时间及引进单位

2004 年中国科学院上海实验动物中心自日本鹿儿岛大学引入日本大耳白兔封闭群。目前在该中心保存并繁育日本大耳白兔封闭群。2009 年，上海奉贤辉煌养殖场从该中心引进了日本大耳白兔，并进行扩繁和商品化销售。

▪ 引进数量及国内生产情况

上海奉贤辉煌养殖场和上海腾达兔业专业合作社每年存栏 1 万多只日本大耳白兔，生产性能表现优秀，每年向国内十多个省（自治区、直辖市）推广 10 万只左右商品兔，主要作为实验用兔。

体型外貌

■ 体型外貌特征

日本大耳白兔体格较大，体表被毛紧密，毛色纯白。眼部为红色，双耳大而直立，耳根细，耳端尖，形似柳叶状，臀部较丰满，腹部紧凑，四肢端正，肌肉发达。公兔睾丸发育良好，鲜见有单睾，母兔颌下有肉髯，乳头数 3 ~ 6 对。

■ 体重和体尺

根据 2022 年上海奉贤辉煌养殖场对公、母各 30 只 6 月龄日本大耳白兔的测定，其体重和体尺数据见表 1。

表 1 · 体重与体尺

项　　目	公	母
月龄（月）	6	6
体重（g）	3 152.0 ± 190.5	3 082.0 ± 134.7
体长（cm）	54.1 ± 1.2	53.9 ± 0.7
胸围（cm）	27.4 ± 0.1	27.3 ± 0.2
耳长（cm）	19.6 ± 0.3	19.6 ± 0.3
耳宽（cm）	8.2 ± 0.2	8.1 ± 0.1

生产性能

■ 屠宰性能

日本大耳白兔生长快，肉质佳。据上海奉贤辉煌养殖场 2022 年遗传资源调查测定，3 月龄日本大耳白兔的屠宰性能见表 2。

表 2 · 屠宰性能

项　　目	公	母
宰前活重（g）	2 358.00 ± 65.00	2 293.00 ± 81.00
半净膛重（g）	1 209.00 ± 72.00	1 174.00 ± 67.00
半净膛率（%）	51.25 ± 2.41	51.19 ± 2.26
全净膛重（g）	1 121.00 ± 71.00	1 087.00 ± 66.00
全净膛率（%）	47.52 ± 2.47	47.40 ± 2.27

■ 繁殖性能

日本大耳白兔繁殖能力较强，年产 4~5 胎，每胎产仔 8~10 只。母兔母性良好，泌乳量大。据上海奉贤辉煌养殖场遗传资源调查测定，日本大耳白兔的繁殖性能见表 3。

表 3 · 繁殖性能

项　　目	数　　值
妊娠期（d）	30.8 ± 1.0
窝产仔数（只）	7.9 ± 1.2
窝产活仔数（只）	7.7 ± 1.0
初生重（g）	67.0 ± 7.5
21 日龄体重（g）	312.0 ± 44.6
30 日龄断奶重（g）	536.0 ± 79.8
30 日龄断奶成活率（%）	90.0 ± 10.0

评价和利用

日本大耳白兔体格较大，生长快，繁殖力强，适应性好，耐粗饲，肉质佳。缺点是腹内容大，骨骼大，胴体欠丰满，抗病力较弱。可利用其早期生长快、繁殖性能好、皮板面积大等优良的遗传特性，为皮、肉兔新品种培育提供遗传素材。由于日本大耳白兔早期生长快、母兔的母性和哺育力强，在部分农村也广泛用于杂交生产商品肉兔。进入 21 世纪以来，随着肉兔生产规模化养殖的发展和市场对肉兔胴体品质要求的提高，日本大耳白兔的推广利用逐步退出商品肉兔生产，尤其是出口兔肉的生产，主要应用于实验兔生产。

图片资料

日本大耳白兔　公兔

日本大耳白兔　母兔

鸡

① 浦东鸡

一般情况

品种名称及类型

浦东鸡（Pudong chicken），属地方品种，为肉蛋兼用型鸡。

原产地、中心产区及分布

浦东鸡原产地为上海黄浦江以东的浦东新区（原南汇县、川沙县）及奉贤区等地，主要分布于老港、泥城、书院、彭镇、万祥、大团等镇。现浦东鸡中心产区位于浦东新区航头镇的上海浦汇浦东鸡繁育有限公司浦东鸡保种场内。

原产区自然生态条件

原产区浦东新区地处长江入海口处，上海市东部，位于东经121°27′27″~121°48′43″、北纬30°53′20″~31°23′22″。浦东新区地势东南高，西北低，海拔范围3.5~4.5m，平均海拔3.87m，气候类型属亚热带季风气候，年降水量1 250~1 890 mm，平均日照1 480~1 850 h，无霜期250~300 d，年平均气温

17～18℃，最高温度出现在 7 月份，最低温度出现在 1 月份。

浦东新区因成陆时间的先后，地表层的土质老护塘以西为黄泥土，老护塘以东为轻黄泥土，钦公塘以东以夹沙土为主；主要河流有环绕区境西部的黄浦江，南北向的浦东运河、曹家沟、马家浜、随塘河，以及东西向的川杨河、张家浜、赵家沟、大治河、白莲泾、惠新河等。

主要农作物有水稻、小麦、玉米、油菜、蔬菜、西甜瓜、桃、梨、葡萄、草莓等。

品种形成与发展

▪ 品种形成及历史

浦东鸡在上海黄浦江以东地区有着 200 多年的饲养历史，清雍正八年（1731 年）《南汇县志》称："鸡，产浦东者大，有九斤黄黑十二之名。"清嘉庚十年（1805 年）《川沙抚民厅志－杂志》就有记载，"九斤黄，鸡名扬"，故又被群众称作"九斤黄"。

浦东鸡因地处黄浦江之东而得名。当地盛产水稻、小麦、玉米等农作物，河湖、沿海滩涂的鱼、虾、虫、蚬等动物性饵料丰富，为饲养家禽提供了天然、丰富的饲料来源，因此，浦东地区的劳动人民习惯于将饲养家禽作为主要家庭副业。同时，当地民众每逢节日和婚嫁喜事时，有以大公鸡为馈赠礼品的习俗，在餐饮习惯上又喜食白斩黄鸡和煲鸡汤等菜肴，因此，对饲养的鸡种养成选黄羽、大蛋和大鸡的习惯。经过当地农户长期选择，逐步形成了浦东鸡黄羽、体大、蛋大的独特性能。

▪ 群体数量及变化

浦东鸡主要饲养在上海浦汇浦东鸡繁育有限公司保种场内。

2010 年，建立浦东鸡家系 30 个，存栏成年浦东鸡公鸡 50 只、母鸡 748 只。

2015 年，建立个体家系保种群和群体保种群各 1 个，其中，个体家系保种群建立浦东鸡家系 30 个，存栏成年浦东鸡公鸡 146 只、母鸡 600 只；群体保种群存栏浦东鸡公鸡 160 只、母鸡 520 只。

2020 年，建立个体家系保种群和群体保种群各 1 个，其中，个体家系保种群建立浦东鸡家系 60 个，存栏成年浦东鸡公鸡 180 只、母鸡 900 只；群体保种群存栏浦东鸡公鸡 100 只、母鸡 850 只。

至 2022 年 12 月，2022 世代共建立个体家系保种群和群体保种群各 1 个，其中个体家系保种群有家系 60 个，存栏公鸡 180 只、母鸡 1 300 只，群体保种群存栏公鸡 60 只、母鸡 800 只。现存栏浦东鸡种群规模小、数量少，由于活体保种仅单点保护而无备份场，浦东鸡群体抗重大动物疫病风险小。《全国畜禽遗传资源保护和利用"十三五"规划》中浦东鸡被列为濒危状态。

体型外貌

▪ 体型外貌特征

成年浦东鸡公鸡体型大，单冠直立，冠齿平均 7.16 个。冠、肉髯和耳叶呈红色。喙短而略弯，基部呈黄色，上端呈浅褐色或褐色。羽毛多呈红胸红背，少数呈黄胸黄背和黑胸红背，主翼羽、副翼羽呈前部红色和尾部黑色，腹羽呈金黄色或局部黑色。尾羽上翘，呈黑色并带有墨绿色光泽。胫黄色，胫羽、趾羽比例 70%。皮肤呈浅黄色。

成年浦东鸡母鸡单冠直立，冠齿平均 7 个。冠、肉髯和耳叶呈红色。喙短而略弯，基部呈黄色，上端呈浅褐色或褐色。全身羽毛黄色，羽毛端部或边缘有黑、褐色斑点，尾羽短，稍向上，主翼羽不发达。胫黄色，胫羽、趾羽比例 68%。皮肤呈浅黄色。

浦东鸡雏鸡绒毛多呈黄色，少数头、背部有褐色或灰色绒毛带。

▪ 体重和体尺

2022 年 7 月，在上海浦汇浦东鸡繁育有限公司浦东鸡保种场，由上海市农业科学院测定。测定 348 日龄公、母鸡各 30 只，其体重和体尺见表 1。

表 1 · 体重和体尺

项　目	公	母
体重（g）	3 030 ± 241	2 753 ± 245
体斜长（cm）	28.94 ± 2.13	24.66 ± 1.43
龙骨长（cm）	16.28 ± 0.98	12.91 ± 0.64
胸宽（cm）	8.18 ± 0.60	7.92 ± 0.52
胸深（cm）	14.49 ± 0.69	13.52 ± 0.45
胸角（°）	77.70 ± 17.27	106.00 ± 17.66
骨盆宽（cm）	9.04 ± 0.70	9.08 ± 0.57
胫长（cm）	9.03 ± 0.62	7.34 ± 0.15
胫围（cm）	4.81 ± 0.30	4.18 ± 0.07

生产性能

■ 生长性能

2022 年，由上海浦汇浦东鸡繁育有限公司浦东鸡保种场测定浦东鸡公、母鸡各 100 只。其不同周龄体重见表 2。

表 2 · 生长性能

周　龄	公　鸡（g）	母　鸡（g）
初生	38.27 ± 2.62	38.27 ± 2.62
2	137.70 ± 17.63	147.43 ± 16.21
4	386.59 ± 51.31	320.97 ± 48.42
6	616.59 ± 72.45	463.33 ± 57.54
8	786.10 ± 72.54	709.35 ± 101.51
10	956.09 ± 126.10	954.24 ± 99.10
13	1 364.00 ± 181.47	1 201.97 ± 109.77
14	1 733.90 ± 256.47	1 468.62 ± 105.89

■ 屠宰性能和肉品质

2022 年，由上海市畜牧技术推广中心测定 126 日龄浦东鸡公、母鸡各 30 只。浦东鸡屠宰性能和肉品质测定结果见表 3 和表 4。

表 3 · 屠宰性能

项 目	公	母
宰前活重（g）	2 298 ± 306	1 593 ± 216
屠体重（g）	2 091 ± 280	1 435 ± 203
屠宰率（%）	91.00 ± 1.65	90.02 ± 1.72
半净膛重（g）	1 855 ± 253	1 256 ± 169
半净膛率（%）	80.71 ± 2.54	79.15 ± 6.30
全净膛重（g）	1 554 ± 231	1 078 ± 129
全净膛率（%）	67.47 ± 2.30	68.08 ± 5.58
胸肌重（g）	168 ± 45	138 ± 33
胸肌率（%）	10.79 ± 2.19	12.84 ± 2.84
腿肌重（g）	336 ± 67	223 ± 33
腿肌率（%）	21.51 ± 2.27	20.88 ± 4.05

表 4 · 肉品质

项 目		公	母
剪切力（N）		21.66 ± 4.32	14.60 ± 3.59
失水率（%）		46.28 ± 2.68	45.53 ± 2.84
pH		6.12 ± 0.26	6.04 ± 0.21
肉色	a	-0.01 ± 1.26	-0.52 ± 1.16
	b	12.94 ± 2.13	12.60 ± 2.52
	L	62.92 ± 3.36	61.65 ± 3.98
水分（%）		73.91 ± 4.59	74.84 ± 0.65
蛋白质（%）		24.79 ± 2.27	25.34 ± 0.61
脂肪（%）		1.18 ± 0.36	1.33 ± 0.45

蛋品质

2022 年，由上海市畜牧技术推广中心测定 300 日龄浦东鸡鸡蛋 150 个，其蛋品质见表 5。

表 5 · 蛋品质

项 目	数 值
蛋重（g）	55.21 ± 3.83
蛋形指数	1.31 ± 0.04
蛋壳强度（kg/cm²）	3.61 ± 0.78
蛋壳厚度（mm）	0.42 ± 0.04
蛋黄色泽（级）	4.99 ± 0.78
蛋壳色泽	褐色
蛋白高度（mm）	5.68 ± 1.04
哈氏单位	75.52 ± 7.87
蛋黄重（g）	16.94 ± 1.79
蛋黄比率（%）	30.72 ± 3.13
血肉斑率（%）	21.33

繁殖性能

2022 年，由上海浦汇浦东鸡繁育有限公司浦东鸡保种场测定 2021 世代个体家系保种群繁殖性能。浦东鸡开产日龄 168 d，开产平均体重 2.5 kg，300 日龄蛋重 55.2 g，入舍母鸡产蛋数 181 个，饲养日母鸡产蛋数 190 个，就巢率 10.1%，育雏期成活率 96.2%，育成期成活率 95.5%，产蛋期成活率 93.2%，采用人工授精，公母比例 1 : 20，家系留种种蛋受精率 86%，受精蛋孵化率 93%。

品种保护

浦东鸡的保种现由上海浦汇浦东鸡繁育有限公司承担。浦东鸡1989年收录于《中国家禽品种志》，2011年收录于《中国畜禽遗传资源志·家禽志》，2006年浦东鸡列入《国家级畜禽遗传资源保护名录》（农业部公告2006年第662号），2014年再次列入《国家级畜禽遗传资源保护名录（2014修订）》（农业部公告第2061号），2022年列入《上海市畜禽遗传资源保护名录》。

目前，上海浦汇浦东鸡繁育有限公司为国家级保种单位。公司按照国家级地方畜禽遗传资源保护的要求，每年制定和实施科学、严密的保种计划，现建立浦东鸡保种群2个，分别为个体家系保种群和群体保种群。2008年，浦东鸡保种场列为国家级地方品种保护场（中华人民共和国农业部公告1058号）编号C3109003；2021年，浦东鸡保种场再次确认为国家级浦东鸡保种场（中华人民共和国农业农村部公告第453号），编号C3111301；2014年，发布实施上海市地方标准《浦东鸡》（DB31/T 805—2014）；2021年，发布实施中华人民共和国农业行业标准《浦东鸡》（NY/T 3873—2021）。

评价和利用

品种评价

浦东鸡外貌呈黄嘴、黄羽、黄脚"三黄"特征，具有体型大、健壮、肉质鲜美、蛋大等特点，为肉蛋兼用型地方鸡种。其耐粗饲、抗病力强，但饲养周期较长、开产日龄较晚。

2019年，为了解上海市优质地方品种浦东鸡的保种效果，采用"京芯一号"SNP芯片对现有60个家系的浦东鸡群体进行了群体结构分析。结果表明，浦东鸡群体的基因型检出率平均为0.9914，说明该SNP芯片适用于浦东鸡遗传多样性的评价与分析；浦东鸡群体期望杂合度为0.3786、观察杂合度为0.3805，说明该群体的遗传多样性较低，选育程度较高；G矩阵基因组亲缘关系表明，该群体存在近交趋势；

ROH 分析结果显示，群体中含有 23 ~ 28 个 ROH 的个体数最多，个体 ROH 总长度在 70 M ~ 80 Mb 的个体数最多，该群体平均近交系数为 0.089。

■ 开发利用

主要以浦东鸡为母本进行杂交开发利用。上海市农业科学院畜牧兽医研究所自 1971 年起，用了 10 年时间，以浦东鸡为基础，培育成肉用型新品种——新浦东鸡。

此外，还开展了"适合上海市场的冷鲜型浦东鸡配套系培育"和"优质黄鸡配套系标准化饲养技术推广与示范"课题研究，以浦东鸡为母本，以石岐杂、清远鸡等为父本，开展杂交试验和市场开拓。

图片资料

浦东鸡 公鸡

浦东鸡 母鸡

② 新浦东鸡

一般情况

品种名称及类型

新浦东鸡（New Pudong chicken），属培育品种，为肉用型鸡。

品种分布

中心产区位于上海市奉贤区，分布在奉贤区庄行镇上海市农业科学院试验场内。

培育过程

培育单位

1971 年开始由上海市农业科学院畜牧兽医研究所开始主持研究培育新浦东鸡，经过 10 年的系统选育，在 1981 年 3 月通过鉴定，成为我国第一个成功培育的肉鸡品种。

育种素材和培育方法

以浦东鸡为基础素材，分别与白洛克、红科尼什鸡进行杂交育种。运用遗传育种理论，通过 3 个阶段选育。第一阶段：不同杂交组合的比较；第二阶段：最佳杂交组合的横交固定；第三阶段：优良家系的建立与扩群来突出早期生长发育。同时，结合其他经济性状，如羽速生长、黄羽、黄脚、肉鲜味美及适应性强等，采用个体和家系相结合的选择方法进行系统选育而成。

品种数量情况

据《中国家禽品种志》（1988 年）记载，新浦东鸡的种群规模在 10 万只以上，自给自足，年产新浦东肉鸡近千万只。除在上海市郊饲养外，还分布在江苏、浙江、广东等地区。而在《中国畜禽遗传资源志·家禽志》（2011 年）中，对新浦东鸡群体数量没有做出描述。第三次普查结果显示，新浦东鸡保种群体规模为 1 500 只以上，加上周边地区的零星饲养，总体规模为 5 000 只左右。

与第一次普查相比，新浦东鸡群体数量急剧下降的主要原因是，20 世纪 80 年代以后，中国农业全面改革开放，养鸡业得到了迅猛的发展。由于新浦东鸡生长速度较慢（150 日龄左右出栏），许多养殖户不再继续饲养这种传统的地方鸡品种。相比之下，白羽快大型肉鸡的生长速度快（料肉比 1.6∶1，45 日龄出栏）、蛋白质转化效率高，因此在肉鸡市场上迅速占领了优势地位。由于这些因素，黄羽肉鸡品种的数量急剧下降。

体型外貌

体型外貌特征

新浦东鸡在选育过程中着重保留浦东鸡的特色，故其外貌与原浦东鸡相似，但体型更接近于肉用型，体躯较长而宽。

公、母鸡均为红色单冠，冠齿多为 7 个。肉髯红色较薄，耳叶红色为主，少数个体表现白色耳叶。喙短稍弯，基部粗壮、黄色。胫、趾为黄色，无胫羽和趾羽。

公鸡的羽色以黄胸、黄背为主，背羽、鞍羽及翼羽呈现部分红色，翼羽和尾羽黑色带有墨绿色光泽，同时呈现部分红色。尾羽、镰羽在 45° 角上翘，黑色带有墨绿色光泽。

母鸡以黄羽为主，有深浅之分，大多数颈部端羽色较深，部分个体的羽片端部或边缘有黑色斑点，形成深麻色或浅麻色。主翼羽和副翼羽为黄色，末端呈现部分黑色，尾羽短、稍上翘。

雏鸡呈黄色（偶见白色），头部无斑点，背部绒毛带黄色，胫色为黄色。

体重和体尺

2022 年 6 月，由上海市农业科学院畜牧试验鸡场测定 280 日龄新浦东鸡体重和体尺，结果见表 1。

表1 · 体重和体尺

项　　目	公	母
体重（g）	4 110.0 ± 340.0	3 345.0 ± 400.0
体斜长（cm）	22.6 ± 1.5	20.5 ± 0.8

（续表）

项　目	公	母
龙骨长（cm）	12.7 ± 0.7	10.5 ± 0.5
胸宽（cm）	9.0 ± 0.6	9.1 ± 0.8
胸深（cm）	11.3 ± 0.9	10.6 ± 0.8
胸角（°）	84.0 ± 10.0	78.2 ± 5.6
骨盆宽（cm）	6.5 ± 0.9	7.5 ± 0.7
胫长（cm）	10.1 ± 0.5	8.0 ± 0.4
胫围（cm）	6.2 ± 0.3	4.9 ± 0.2

生产性能

■ 生长性能

2022 年 9 月至 12 月，由上海市农业科学院畜牧试验鸡场测定，公、母鸡各 30 只，新浦东鸡生长期不同阶段体重见表 2。

表 2 · 生长性能

周　龄	公（g）	母（g）
初生	40.0 ± 3.0	40.0 ± 3.0
2	137.2 ± 23.4	132.4 ± 25.8
4	400.5 ± 58.0	351.3 ± 56.7
6	842.1 ± 71.9	711.5 ± 71.9
8	1 283.7 ± 125.0	1 071.7 ± 96.9
10	1 694.1 ± 143.8	1 375.8 ± 107.3
13	2 280.0 ± 242.9	1 827.7 ± 123.8

屠宰性能

2022年1月，由上海市农业科学院畜牧试验鸡场测定120日龄公、母鸡各30只，屠宰性能测定结果见表3。

表3 · 屠宰性能

项　　目	公	母
宰前活重（g）	2 738.0 ± 83.5	2 421.3 ± 65.4
屠宰体重（g）	2 509.0 ± 105.3	2 219.8 ± 68.1
屠宰率（%）	91.7 ± 1.1	91.6 ± 1.1
半净膛率（%）	82.5 ± 1.2	76.4 ± 2.9
全净膛率（%）	72.4 ± 1.9	74.9 ± 1.9
胸肌率（%）	13.2 ± 1.3	13.9 ± 1.7
腿肌率（%）	21.0 ± 1.1	10.9 ± 1.1
腹脂率（%）	0.4 ± 0.1	0.8 ± 0.2

蛋品质

2022年10月，由上海市农业科学院畜牧兽医研究所测定150个200日龄新浦东鸡蛋品质，结果见表4。

表4 · 蛋品质

项　　目	数　　值
蛋重（g）	55.5 ± 4.1
蛋形指数	1.36 ± 0.07
蛋壳强度（kg/cm^2）	3.8 ± 1.2
蛋壳厚度（mm）	32.5 ± 2.7
蛋壳颜色	褐色
哈氏单位	76.2 ± 7.0
蛋黄比例（%）	32.1 ± 5.8
血肉斑率（%）	0

■ 繁殖性能

2021—2022 年，由上海市农业科学院畜牧试验鸡场测定新浦东鸡繁殖性能，结果见表 5。

表5 · 繁殖性能

项　　目	数　　值
开产日龄（d）	155
开产体重（kg）	3.02
300 日龄蛋重（g）	53.6
61 周龄产蛋数（个）	158.4
育雏期成活率（%）	95.0
育成期成活率（%）	90.0
产蛋期成活率（%）	81.6
种蛋受精率（%）	91.6
受精蛋孵化率（%）	91.0

品种特性和推广应用

新浦东鸡是一种适应性较强的肉鸡品种，广泛应用于我国肉鸡产业中。其对长三角地区的生态环境条件有较好的适应性，能够耐受高温、高湿，具有一定的抗病能力。新浦东鸡的饲养方式相对简单，同时其生长和发育的营养需求也较容易满足。此外，新浦东鸡的繁殖能力强，且管理相对容易，能够保持较高的产蛋率。因此，在全国范围内推广新浦东鸡的饲养，有助于提高我国肉鸡产业的发展水平，提高肉鸡产品的品质和生产效益。

图片资料

新浦东鸡 公鸡

新浦东鸡 母鸡

③ 新杨褐壳蛋鸡

一般情况

▪ 品种名称及类型

新杨褐壳蛋鸡（Xinyang Brown-eggshell layer），属培育品种，为蛋用型鸡配套系。

培育过程

▪ 育种素材和培育单位

新杨褐壳蛋鸡配套系是利用从国外引进的纯系蛋鸡品系，由上海家禽育种有限公司、中国农业大学和国家家禽工程技术研究中心共同培育出的高产褐壳蛋鸡配套系。2000年通过国家畜禽遗传资源委员会审定，品种证书编号：农09新品种证字第2号。

▪ 培育方法

运用品系选育、配合力测定、中间试验等相结合的育种技术，采用三系配套育种模式育成。新杨褐壳蛋鸡培育的主要性状包括产蛋数和蛋壳质量，选育至第19世代时，72周龄产蛋数等主要产蛋性能指标与海兰褐和罗曼褐等国外蛋鸡品种接近（江苏省家禽科学研究所国家性能测定站2012年数据）。

体型外貌

▪ 体型外貌特征

新杨褐壳蛋鸡商品代雏鸡可羽色自别，母雏为金色羽，10%左右个体背部有深褐色条纹，黄色胫；公雏为银色羽。成年商品代母鸡体形呈元宝形。头部较为紧凑，单冠。皮肤、喙和胫为黄色。体质健壮，性情温顺。红羽，尾羽为白色羽。蛋壳颜色为褐色。

■ 体重和体尺

2023 年，由上海家禽育种有限公司测定新杨褐壳蛋鸡配套系商品代体重和体尺，结果见表 1。

表 1 · 体重和体尺

项　　目	数　　值
体重（g）	2 165.8 ± 108.4
体斜长（cm）	21.5 ± 0.5
龙骨长（cm）	12.5 ± 0.3
胸宽（cm）	7.7 ± 0.2
胸深（cm）	9.7 ± 0.4
胸角（°）	38.7 ± 0.5
骨盆宽（cm）	9.1 ± 0.3
胫长（cm）	10.0 ± 0.2
胫围（cm）	4.0 ± 0.1

生产性能

■ 繁殖性能

2022 年，由上海家禽育种有限公司测定新杨褐壳蛋鸡父母代繁殖性能，结果见表 2。

表2·父母代繁殖性能

项　目	数　值
开产日龄（d）	150.5
开产体重（kg）	1 695.0
300 日龄蛋重（g）	58.5
入舍鸡 72 周龄产蛋数（个）	294.0
饲养日 72 周龄产蛋数（个）	306.5
就巢率（%）	0
育雏期成活率（%）	99.2
育成期成活率（%）	98.6
产蛋期成活率（%）	92.4
种蛋受精率（%）	95.5
受精蛋孵化率（%）	93.0

■ 蛋品质

2023 年，由上海市农业科学院测定新杨褐壳蛋鸡蛋品质，结果见表 3。

表3·商品代蛋品质

项　目	数　值
蛋重（g）	61.0 ± 4.9
纵径（mm）	57.1 ± 1.5
横径（mm）	45.6 ± 4.4
蛋壳强度（kg/cm^2）	4.5 ± 1.2
钝端蛋壳厚度（mm）	3.9 ± 0.5
中端蛋壳厚度（mm）	4.0 ± 0.5
尖端蛋壳厚度（mm）	4.0 ± 0.5
蛋壳厚度均值（mm）	4.0 ± 0.3
蛋黄色泽（级）	6.1 ± 0.5

（续表）

项　目	数　值
蛋壳颜色	褐色
蛋白高度（mm）	7.1 ± 1.0
哈氏单位	85.8 ± 6.7
蛋黄重（g）	14.8 ± 1.3
蛋黄比率（%）	24.4 ± 2.6
血肉斑率（%）	0

推广应用

　　新杨褐壳蛋鸡可以在我国范围内推广应用，在笼养模式和网上平养模式下均可以取得较理想的饲养效果。2000 年配套系通过新品种审定后持续推广，至 2012 年累计推广量达到 1 500 万套父母代，受引进品种影响推广量逐年下降。目前主要作为育种素材进行保存；利用配套系中的专门化品系作为新杨黑羽蛋鸡配套系组成的品系之一，为满足我国消费者的需求焕发新的作用。

图片资料

新杨褐壳蛋鸡配套系　商品蛋鸡

④ 新杨白壳蛋鸡

一般情况

■ 品种名称及类型

新杨白壳蛋鸡（Xinyang White-eggshell layer），属培育品种，为蛋用型鸡配套系。

培育过程

■ 育种素材和培育单位

新杨白壳蛋鸡配套系是利用从国外引进的纯系蛋鸡品系，由上海家禽育种有限公司、中国农业大学和国家家禽工程技术研究中心共同培育出的高产白壳蛋鸡配套系。2010 年通过国家畜禽遗传资源委员会审定，品种证书编号：农 09 新品种证字第 40 号。

■ 培育方法

运用配套系育种技术、三系配套的育种模式培育。分别按照家系育种法选择，其中父本侧重后期产蛋数和蛋品质（蛋壳强度）选择；母系父本侧重体重、早期产蛋数、受精率和蛋重选择，母系母本侧重产蛋数选择。

体型外貌

■ 体型外貌特征

商品代雏鸡全身黄色绒毛，可快慢羽速雌雄自别。成年鸡全身羽毛白色，单冠，冠和髯为红色，耳叶白色，皮肤、胫和喙呈黄色，体型结实紧凑。蛋壳颜色为白色。

体重和体尺

2023 年，由上海家禽育种有限公司测定新杨白壳蛋鸡配套系商品代体重和体尺，结果见表 1。

表 1 · 体重和体尺

项 目	数 值
体重（g）	1 592.8 ± 42.8
体斜长（cm）	19.1 ± 0.5
龙骨长（cm）	11.5 ± 0.3
胸宽（cm）	6.6 ± 0.3
胸深（cm）	9.2 ± 0.5
胸角（°）	36.9 ± 0.8
骨盆宽（cm）	7.2 ± 0.1
胫长（cm）	9.7 ± 0.1
胫围（cm）	3.5 ± 0.1

生产性能

繁殖性能

2022 年，由上海家禽育种有限公司测定新杨白壳蛋鸡父母代繁殖性能，结果见表 2。

表 2 · 父母代繁殖性能

项 目	数 值
开产日龄（d）	149.5
开产体重（kg）	1 305
300 日龄蛋重（g）	59.5
入舍鸡 72 周龄产蛋数（个）	299.5

（续表）

项　目	数　值
饲养日 72 周龄产蛋数（个）	310.5
就巢率（%）	0
育雏期成活率（%）	99.0
育成期成活率（%）	97.6
产蛋期成活率（%）	92.0
种蛋受精率（%）	95.0
受精蛋孵化率（%）	94.0

▪ 蛋品质

2023 年，由上海市农业科学院测定新杨白壳蛋鸡蛋品质，结果见表 3。

表 3 · 商品代蛋品质

项　目	数　值
蛋重（g）	61.2 ± 2.6
纵径（mm）	56.1 ± 3.7
横径（mm）	43.6 ± 1.9
蛋壳强度（kg/cm^2）	3.9 ± 0.8
钝端蛋壳厚度（mm）	3.9 ± 0.5
中端蛋壳厚度（mm）	3.9 ± 0.5
尖端蛋壳厚度（mm）	3.9 ± 0.5
蛋壳厚度均值（mm）	3.9 ± 0.4
蛋黄色泽（级）	12.5 ± 0.9
蛋壳颜色	白色
蛋白高度（mm）	7.5 ± 1.2
哈氏单位	85.6 ± 6.5
蛋黄重（g）	18.9 ± 1.6

（续表）

项　目	数　值
蛋黄比率（%）	30.9±2.4
血肉斑率（%）	0

推广应用

新杨白壳蛋鸡配套系是我国第一个审定通过的高产白壳蛋鸡配套系，蛋重较大，蛋型适中，适合生产胚胎蛋。但是，由于推广不足，导致市场认可度不高，推广量和消费者的接受度与进口的海兰白等品种有差距。作为配套系组成的 3 个白羽专门化品系经过多年的选育，配合力高，可以应用于其他配套系开发，继续发挥其作为育种素材的作用。

图片资料

新杨白壳蛋鸡配套系　商品蛋鸡

⑤ 新杨绿壳蛋鸡

一般情况

■ 品种名称及类型

新杨绿壳蛋鸡（Xinyang Green-eggshell layer），属培育品种，为蛋用型鸡配套系。

培育过程

■ 育种素材和培育单位

新杨绿壳蛋鸡配套系是利用国内东乡绿壳蛋鸡和国外引进的纯系蛋鸡品系，由上海家禽育种有限公司、中国农业大学和国家家禽工程技术研究中心共同培育出的高产绿壳蛋鸡配套系。2010 年通过国家畜禽遗传资源委员会审定，品种证书编号：农 09 新品种证字第 41 号。

■ 培育方法

运用配套系育种技术、三系配套的育种模式培育。通过测交和绿壳杂合等位基因的分子标记辅助选择淘汰携带非绿壳基因的个体，提高商品代的绿壳率；通过家系选择淘汰抱窝基因；通过先留后选提高后期的产蛋数。母本与新杨白壳蛋鸡相同，通过选择母本提高生产性能和鸡蛋品质。

体型外貌

■ 体型外貌特征

新杨绿壳蛋鸡初生雏全身绒毛为白色，有黑点，可利用快慢羽进行自别雌雄。

成鸡全身羽毛颜色为灰白色带有黑斑，单冠，冠和髯为红色，耳叶白色，皮肤、胫和喙呈淡青色，体型结实紧凑。蛋壳颜色为绿色。

体重和体尺

2023 年，由上海家禽育种有限公司测定新杨绿壳蛋鸡配套系商品代体重和体尺，结果见表 1。

表1·体重和体尺

项 目	数 值
体重（g）	1 561.8 ± 57.3
体斜长（cm）	19.6 ± 0.6
龙骨长（cm）	11.0 ± 0.4
胸宽（cm）	6.6 ± 0.2
胸深（cm）	9.4 ± 0.3
胸角（°）	37.9 ± 0.9
骨盆宽（cm）	7.5 ± 0.2
胫长（cm）	9.5 ± 0.3
胫围（cm）	3.5 ± 0.1

生产性能

繁殖性能

2022 年，由上海家禽育种有限公司测定新杨绿壳蛋鸡父母代繁殖性能，结果见表 2。

表2·父母代繁殖性能

项 目	数 值
开产日龄（d）	149.5

（续表）

项 目	数 值
开产体重（kg）	1 309.0
300 日龄蛋重（g）	58.0
入舍鸡 72 周龄产蛋数（个）	299.0
饲养日 72 周龄产蛋数（个）	308.0
就巢率（%）	0
育雏期成活率（%）	99.2
育成期成活率（%）	98.3
产蛋期成活率（%）	92.4
种蛋受精率（%）	95.0
受精蛋孵化率（%）	94.0

▪ 蛋品质

2023 年，由上海市农业科学院测定新杨绿壳蛋鸡蛋品质，结果见表 3。

表 3 · 商品代蛋品质

项 目	数 值
蛋重（g）	50.6 ± 3.6
纵径（mm）	53.6 ± 2.2
横径（mm）	41.1 ± 1.3
蛋壳强度（kg/cm^2）	4.2 ± 0.7
钝端蛋壳厚度（mm）	3.4 ± 0.5
中端蛋壳厚度（mm）	3.5 ± 0.5
尖端蛋壳厚度（mm）	3.6 ± 0.5
蛋壳厚度均值（mm）	3.5 ± 0.4
蛋黄色泽（级）	11.1 ± 1.0
蛋壳颜色	绿色

（续表）

项　目	数　值
蛋白高度（mm）	4.5 ± 0.8
哈氏单位	68.3 ± 6.8
蛋黄重（g）	15.6 ± 1.6
蛋黄比率（%）	30.9 ± 3.1
血肉斑率（%）	0

推广应用

　　新杨绿壳蛋鸡配套系利用分子辅助选择显著提升了绿壳率，产蛋率高，蛋壳颜色好，一经推广，广受养殖户好评。自审定通过后，新杨绿壳蛋鸡累计推广1 000万只。但是，由于其毛色为白色，淘汰鸡售价低，所以推广数量一直没有较大的突破。目前主要以育种素材进行保存，上海家禽育种有限公司在原有专门化品系的基础上，引入新的专门化品系，将羽色改善为更受消费者喜爱的黄麻羽，目前正在中试推广中。

图片资料

新杨绿壳蛋鸡配套系 商品蛋鸡

⑥ 新杨黑羽蛋鸡

一般情况

■ 品种名称及类型

新杨黑羽蛋鸡（Xinyang Black-feather layer），属培育品种，为蛋用型鸡配套系。

培育过程

■ 育种素材和培育单位

新杨黑羽蛋鸡配套系是利用从国外引进的纯系蛋鸡品系和国内蛋鸡品系，由上海家禽育种有限公司、上海市农业科学院和国家家禽工程技术研究中心共同培育出的高产黑羽蛋鸡配套系。2015 年通过国家畜禽遗传资源委员会审定，品种证书编号：农 09 新品种证字第 61 号。

■ 培育方法

运用配套系育种技术、三系配套的育种模式培育。父系为蛋用型贵妃鸡；母系父本与母本都来自洛岛红。母系父本慢羽，母系母本为快羽。商品代通过快慢羽自别雌雄。新杨黑羽蛋鸡的选择关键是提高贵妃鸡的产蛋数和鸡蛋品质，特别是后期的产蛋数。通过先留后选和后裔测定（观察商品代性能）提高贵妃鸡的产蛋量和鸡蛋品质。鸡蛋品质选择包括提高蛋壳强度和哈氏单位。母系选择重点是提高产蛋率，尤其是后期产蛋率。母本选择的关键点是产蛋后期的产蛋数和鸡蛋品质，通过先留后选家系选择，可每个世代提高 1 个蛋 / 系，并提高配套系的后期鸡蛋质量。体重是配套系选育的重要性状之一，选育体重是提高配套系生产性能的关键，保持体重均值相对稳定和提高育成期体重均匀度是新杨黑羽蛋鸡市场良好信誉的关键。

体型外貌

体型外貌特征

新杨黑羽蛋鸡配套系商品代雏鸡背部全部为黑羽，大部分雏鸡的头部为黑色，小部分雏鸡的头部为褐色羽，雏鸡腹部全部为白色羽毛。初生雏可利用快慢羽进行雌雄自别。新杨黑羽蛋鸡80%以上的个体具有五趾特性，其中60%的个体双脚五趾。冠色和喙色以黑色为主，部分为褐色。新杨黑羽蛋鸡成年后主要有3种羽色，都以黑羽为基本色，分别是全黑、黑黄麻羽和黑白麻羽，其中全黑羽为主要羽色。部分母鸡凤头，三叶冠。

体重和体尺

2023年，由上海家禽育种有限公司测定新杨黑羽蛋鸡配套系商品代体重和体尺，结果见表1。

表1·体重和体尺

项　　目	数　　值
体重（g）	1 719.0 ± 56.5
体斜长（cm）	20.3 ± 0.2
龙骨长（cm）	11.7 ± 0.2
胸宽（cm）	7.0 ± 0.3
胸深（cm）	9.0 ± 0.3
胸角（°）	37.9 ± 0.5
骨盆宽（cm）	8.4 ± 0.2
胫长（cm）	9.7 ± 0.2
胫围（cm）	3.7 ± 0.1

生产性能

▪ 繁殖性能

2022 年，由上海家禽育种有限公司测定新杨黑羽蛋鸡父母代主要繁殖性能，结果见表 2。

表 2 · 父母代繁殖性能

项　目	数　值
开产日龄（d）	149.5
开产体重（kg）	1 665
300 日龄蛋重（g）	58.5
入舍鸡 72 周龄产蛋数（个）	289.0
饲养日 72 周龄产蛋数（个）	303.0
就巢率（%）	0
育雏期成活率（%）	99.0
育成期成活率（%）	98.0
产蛋期成活率（%）	91.9
种蛋受精率（%）	95.0
受精蛋孵化率（%）	93.0

▪ 蛋品质

2023 年，由上海市农业科学院测定新杨黑羽蛋鸡蛋品质，结果见表 3。

表 3 · 商品代蛋品质

项　目	数　值
蛋重（g）	50.4 ± 3.0
纵径（mm）	54.4 ± 2.5

（续表）

项　目	数　值
横径（mm）	40.1 ± 0.8
蛋壳强度（kg/cm^2）	3.9 ± 0.9
钝端蛋壳厚度（mm）	3.6 ± 0.3
中端蛋壳厚度（mm）	3.7 ± 0.3
尖端蛋壳厚度（mm）	3.6 ± 0.3
蛋壳厚度均值（mm）	3.6 ± 0.2
蛋黄色泽（级）	13.7 ± 0.9
蛋壳颜色	粉色
蛋白高度（mm）	5.4 ± 0.9
哈氏单位	78.1 ± 5.7
蛋黄重（g）	14.4 ± 1.4
蛋黄比率（%）	28.7 ± 2.6
血肉斑率（%）	0

推广应用

新杨黑羽蛋鸡自审定通过后，继续加强推广力度，并以其优异的生产性能、极强的适应能力受到广大养殖户的好评，在笼养模式和网上平养模式下均可以取得较理想的饲养效果。在推广应用过程中，围绕新杨黑羽蛋鸡的特色，研发了一系列精细化饲养管理技术，保障优良性能的充分发挥。新杨黑羽蛋鸡开创了黑羽产粉壳蛋的先河，产品占特色蛋鸡市场的 10%，累计推广商品代蛋鸡超过 1 亿只。

图片资料

新杨黑羽蛋鸡配套系 商品蛋鸡

鸽

① 石岐鸽

一般情况

▪ 品种名称及类型

石岐鸽（Shiqi pigeon），又称中国石岐鸽、中山石岐鸽。属地方品种，为肉用型鸽。

▪ 原产地、中心产区及分布

石岐鸽原产地位于广东省中山市原石岐镇，目前崇明区养殖该品种鸽的仅有位于三星镇的上海中鸽实业有限公司。

品种形成与发展

▪ 品种形成及历史

民国四年（1915年），旅居美国的广东省中山市华侨从美国带回来白羽王鸽和贺姆鸽，在饲养过程中与本地鸽配对杂交。其后，又有华侨从日本带回来了钦麻鸽，从澳大利亚引进了澳洲地鸽。经过长期培育，在20世纪30年代左右，终于培育出集合上述几种名鸽优点并适合中山市本地饲养的一种大型肉鸽新品种。因产自石岐及其周边地区，故被命名为石岐鸽。

2009年7月，上海中鸽实业有限公司将其引入到上海市崇明区三星镇育德村。

群体数量及变化

2009年7月5日，上海中鸽实业有限公司从茂名市顺翔鸽业有限公司引进石岐种鸽4500对。现存栏生产种鸽9000对，后备青年种鸽1000对，其中4年种鸽1800对，3年种鸽2700对，2年种鸽2700对，1年种鸽1800对。

体型外貌

体型外貌特征

石岐鸽羽色较多，有白色、灰二线、红色、雨点、浅黄色等，尤其是白色石岐鸽体形优美、肤色好且生产性能较高，受广大养鸽者及食客的喜爱，因而目前以白色石岐鸽为主。石岐鸽体型长，翼及尾部也较长，形状如芭蕉的芭蕾。平头，光胫，眼睛较细，鼻长，嘴尖，鼻瘤和嘴均为粉白色，胸圆，脚红色。

公鸽头较圆，额稍凸出，颈较粗，鼻瘤较大、基部具有皱纹，嘴甲较阔。

母鸽头较细，额不凸出、较斜，颈较细，鼻瘤较小、较嫩。

体重和体尺

2023年，由上海市崇明区上海中鸽实业有限公司随机选取600只石岐鸽进行测定。石岐鸽成年鸽体重和体尺测定结果见表1。

表 1 · 体重和体尺

项　目	公	母
体重（g）	648.1 ± 72.6	605.4 ± 67.8
体斜长（cm）	12.6 ± 1.7	12.2 ± 1.9
胸宽（cm）	6.9 ± 1.1	6.7 ± 0.8
胸深（cm）	7.1 ± 1.4	6.9 ± 0.9
胸角（°）	82.1 ± 7.3	80.6 ± 8.4
龙骨长（cm）	8.8 ± 0.7	8.6 ± 0.8
胫长（cm）	3.9 ± 0.6	3.8 ± 0.4
胫围（cm）	2.3 ± 0.5	2.2 ± 0.2

生产性能

▪ 生长性能

2023 年，由上海市崇明区上海中鸽实业有限公司测定 30 只鸽。在舍饲条件下，石岐鸽乳鸽生长性能见表 2。童鸽期成活率为 96%，青年期成活率为 98%。

表 2 · 生长性能

项　目	周　龄				
	初　生	1	2	3	4
体重（g）	16.63 ± 0.78	224.87 ± 20.56	444.57 ± 25.67	548.80 ± 25.21	601.43 ± 34.91

▪ 屠宰性能

2023 年，由上海市崇明区上海中鸽实业有限公司测定 28 日龄乳鸽 30 只鸽。乳鸽为自然孵化、亲鸽哺育，一对亲鸽带两只乳鸽。28 日龄屠宰性能见表 3。28 日龄乳鸽肌肉主要成分由上海市农业科学院农产品质量标准与检测技术研究所测定，采用乳鸽胸肌、腿肌肉各 50% 混合样品，结果见表 4。

表3·屠宰性能

项　目	数　值
日龄（d）	28
宰前活重（g）	566.0
屠体重（g）	494.3
屠宰率（%）	87.3
半净膛率（%）	79.8
全净膛率（%）	66.6
腿肌率（%）	7.5
胸肌率（%）	27.1
腹脂率（%）	2.1

表4·肌肉主要化学成分

水分（%）	干物质（%）	粗蛋白（%）	粗脂肪（%）	灰分（%）
73.58	26.42	24.70	4.40	1.42

■ 繁殖性能

石岐鸽繁殖能力强，受精、孵化、育雏等生产性能均良好，年产蛋 8～10 窝，平均年产乳鸽 18 个，乳鸽成活率 90%，种蛋受精率 90%，受精蛋孵化率 90%。

饲养管理

石岐鸽具有适应性广、耐粗饲、性情温顺、抗病力强、繁殖力强、品质优良等特点。鸽场严格执行规模化、标准化畜禽养殖场的各项管理制度，加强环境卫生和关键部位的消毒防范工作，切实执行春、秋强制"两免"计划，推行半自动投料喂饲系统，提高效能。

评价和利用

■ 品种评价

石岐鸽体长，形如芭蕉蕾，羽毛以白色为主，体型较大。平头，光胫，眼睛较细，鼻长，嘴尖，鼻瘤和嘴均为粉白色，胸圆，脚红色。石岐鸽宰后皮肤浅米黄色，皮下脂肪少，肌肉淡红色、有光泽且富有弹性。

■ 开发利用

上海中鸽实业有限公司石岐鸽品种于 2009 年从广东引进，并进行立项研究，2010 年通过培育选留形成了首批石岐鸽种群。2011 年开始进行专门化品系培育，多年来石岐鸽商品鸽投放上海市场，深受消费者的喜爱。在 2019 年上海市地产优质肉鸽评比推介活动中荣获"金奖"。中鸽公司根据石岐鸽适应性广、抗病力强、繁殖力强、品质优良等特点，每年培育石岐鸽种鸽不少于 3 000 对，目前存栏生产种鸽约 9 000 对、青年后备种鸽约 1 000 对。

2020 年 12 月 25 日，中华人民共和国农业农村部正式批准对石岐鸽实施国家农产品地理标志登记保护。

石岐鸽以其优质、高产、耐粗饲而闻名，其肉质鲜嫩多汁，肉味鲜美、带有丁香味，深受粤港澳多地消费者的喜爱，养殖区域已经扩展到福建、广西、四川、安徽、新疆、黑龙江等 20 多个省、自治区。

图片资料

石岐鸽 公鸽

石岐鸽 母鸽

② 卡奴鸽

一般情况

▪ 品种名称及类型

卡奴鸽（Carneau pigeon），又名加奴鸽、赤鸽，属引入品种，为肉用型鸽。

▪ 原产国及在我国的分布情况

原产地是法国北部和比利时南部，19 世纪传入美洲、亚洲各国。卡奴鸽为中型肉用鸽，是世界名鸽。

品种形成与发展

▪ 品种形成历史

白色卡奴鸽是美国棕榈鸽场于 1915 年开始培育，1932 年育成的。它是利用法国和比利时红色带有较多白色羽毛的卡奴鸽，与白色贺姆鸽、白色王鸽和白色仑替鸽等杂交育成。

▪ 品种引进时间及引进单位

2003 年，上海朱桥王鸽有限公司从法国引入白卡奴鸽 500 对。

体型外貌

▪ 体型外貌特征

卡奴鸽按照羽色可分为白卡奴、红卡奴和黄卡奴，本次调查的鸽场饲养的均为白卡奴。成年鸽羽毛均为白色，虹膜颜色为深褐色，胫粗壮，体型较大，前额向前突出，头颈较粗，眼睛小而陷深，体躯浑圆、结实雄壮。挺直姿势站立时，尾巴下垂接近地面。成鸽肉色红褐色，胫色为紫红色，肤色白黄，鼻瘤较大。

■ 体重和体尺

2023 年，由上海市嘉定区上海朱桥王鸽有限公司随机选取 60 只 18 月龄的卡奴鸽进行测定。卡奴鸽体重和体尺测定结果见表 1。

表1·体重和体尺

项　　目	数　　值
测定数量（只）	60
体重（g）	685.00 ± 65.00
体斜长（cm）	12.70 ± 0.80
龙骨长（cm）	8.90 ± 0.70
胸宽（cm）	6.46 ± 0.49
胸深（cm）	6.84 ± 0.61
骨盆宽（cm）	5.95 ± 0.50
胫长（cm）	3.95 ± 0.24
胫围（cm）	3.60 ± 0.30

生产性能

■ 生长性能

2023 年，由上海市嘉定区上海朱桥王鸽有限公司随机选取 135 只卡奴鸽进行测定。卡奴鸽初生到 4 周龄的生长性能测定结果见表 2。

表 2 · 生长性能

项　　目	数　　值
测定数量（只）	135
初生重（g）	17.1 ± 0.9
1 周龄重（g）	255.0 ± 55.3
2 周龄重（g）	464.8 ± 67.9
3 周龄重（g）	565.6 ± 53.9
4 周龄重（g）	626.1 ± 47.3

屠宰性能和肉品质

2023 年，由上海市嘉定区上海朱桥王鸽有限公司随机选取 30 只 28 日龄的卡奴鸽进行屠宰性能和肉品质测定。卡奴鸽 28 日龄乳鸽屠宰性能和肉品质测定结果见表 3 和表 4。

表 3 · 屠宰性能

项　　目	数　　值
宰前活重（g）	636.70 ± 47.66
屠体重（g）	550.20 ± 45.56
屠宰率（%）	86.39 ± 2.49
半净膛重（g）	490.10 ± 41.86
半净膛率（%）	77.02 ± 3.94
全净膛重（g）	414.00 ± 39.33
全净膛率（%）	65.06 ± 4.30
胸肌重（g）	112.47 ± 34.38
胸肌率（%）	27.15 ± 8.92
腿肌重（g）	29.60 ± 4.71
腿肌率（%）	7.22 ± 1.38

表4·肉品质

项 目		数 值
滴水损失（%）		2.23 ± 0.60
pH		5.60 ± 0.25
肉色	a	5.31 ± 2.22
	b	21.85 ± 5.74
	L	71.75 ± 4.05
水分（%）		76.39 ± 0.73
蛋白质（%）		20.69 ± 0.49
脂肪（%）		3.79 ± 0.80

▪ 繁殖性能

2023年，上海市嘉定区上海朱桥王鸽有限公司测定卡奴鸽繁殖性能，结果见表5。使用年限4～5年。

表5·繁殖性能

项 目	指 标
群体大小（只）	2 000
公母配比	1∶1
开产日龄（d）	200.0
开产体重（g）	560.3
开产蛋重（g）	21.6
52周产蛋数（个）	20.0
87周产蛋数（个）	26.0
年产乳鸽数（个）	15.5
乳鸽成活率（%）	85.0

（续表）

项 目	指 标
后备鸽成活率（%）	85.0
产蛋期成活率（%）	90.0
种蛋受精率（%）	85.0
受精蛋孵化率（%）	85.0

评价和利用

　　卡奴鸽体形较大、抗病率强、产量高，能持久生产。在全国各地均有养殖，推广面积较大，其中上海朱桥王鸽有限公司2003年从法国引入的500对卡奴种鸽后开始扩繁工作并形成核心群，目前存栏种鸽数2.5万对。

图片资料

卡奴鸽 公鸽

卡奴鸽 母鸽

③ 欧洲肉鸽

一般情况

■ 品种名称及类型

欧洲肉鸽（European pigeon），属引入品种，为肉用型鸽。

■ 原产国及在我国的分布情况

欧洲肉鸽原产国为法国，在我国的长三角地区和新疆、广东、河南等地均有分布。

品种形成与发展

品种形成历史

欧洲肉鸽是由法国克里莫公司培育而成，为引进配套系。法国克里莫公司从1990年就开始专注于肉鸽的商业化育种，具有30多年的肉鸽育种历史。

运用配套系育种技术，采用三系配套的制种模式，培育的父母代繁殖性能好、商品代肉用性能优异的肉鸽配套系。

品种引进时间及引进单位

2000年12月，上海华飞珍禽养殖有限公司从法国引进具有个体大、耐粗饲、繁殖多、母性好、适应性和抗病力强等优点的欧洲肉鸽米玛斯新品系1 008对。2014年，上海金皇鸽业有限公司从法国引进1 377对欧洲肉鸽米尔蒂斯祖代肉鸽。

体型外貌

体型外貌特征

欧洲肉鸽配套系分为白米尔蒂斯和花米尔蒂斯，都属于大体型鸽，胸部肌肉特别发达，其中国内主要引进白米尔蒂斯，羽毛颜色为白色，牛眼。

体重和体尺

2022年，上海金皇鸽业有限公司随机选取30对52周龄欧洲肉鸽配套系父母代进行测定，体重和体尺见表1。

表1 · 体重和体尺

项　目	公	母
体重（g）	681.17 ± 54.13	614.00 ± 45.27
体斜长（cm）	15.80 ± 0.64	15.46 ± 0.77

（续表）

项　目	公	母
龙骨长（cm）	9.89 ± 0.51	9.49 ± 0.33
胸宽（cm）	7.40 ± 0.37	6.94 ± 0.30
胸深（cm）	7.98 ± 0.29	7.61 ± 0.32
胸角（°）	102.33 ± 6.64	96.94 ± 6.40
骨盆宽（cm）	6.16 ± 3.09	5.98 ± 3.93
胫长（cm）	5.07 ± 2.02	4.74 ± 1.95
胫围（cm）	2.17 ± 0.11	2.04 ± 0.14

生产性能

■ 繁殖性能

2022 年，上海金皇鸽业有限公司随机选取 150 对欧洲肉鸽配套系父母代进行测定，主要繁殖性能测定结果见表 2。

表2·父母代肉鸽繁殖性能

项　目	数　值
开产日龄（d）	177.33
开产体重（g）	609.43
开产蛋重（g）	22.33
52 周产蛋数（个）	11.13
87 周年产乳鸽数（个）	22.10
乳鸽成活率（%）	97.30
后备鸽成活率（%）	96.43
产蛋期成活率（%）	97.07
种蛋受精率（%）	86.33
受精蛋孵化率（%）	95.67
使用年限（年）	4

■ 屠宰性能

2022 年，上海金皇鸽业有限公司随机选取 30 只 28 日龄欧洲肉鸽进行屠宰性能测定，屠宰性能测定结果见表 3。

表 3 · 屠宰性能

项　　目	数　　值
宰前活重（g）	556.53 ± 51.34
屠体重（g）	483.67 ± 46.47
屠宰率（%）	86.94 ± 1.80
半净膛重（g）	443.67 ± 43.06
半净膛率（%）	79.74 ± 2.77
全净膛重（g）	367.80 ± 36.30
全净膛率（%）	66.10 ± 2.75
胸肌重（g）	100.30 ± 11.28
胸肌率（%）	27.27 ± 1.57
腿肌重（g）	26.99 ± 4.28
腿肌率（%）	7.34 ± 0.89
腹脂重（g）	8.10 ± 2.58
腹脂率（%）	1.69 ± 0.55

评价和利用

欧洲肉鸽配套系自引入国内以来，广受国内肉鸽养殖企业和育种企业的关注。因其胸肌发达，也被称为"双肌"鸽。欧洲肉鸽具有优异肉用和繁殖性能，国内诸多肉鸽养殖企业引进后，市场接受度高，推广面积较大，在长三角、新疆、广东、河南等地均有较大的养殖量。国内育种企业利用其作为一个育种素材，对其进行闭锁选育后形成新的品系，用于培育国内的配套系，有力促进了我国肉鸽种业的发展。

图片资料

欧洲肉鸽配套系　父母代公鸽

欧洲肉鸽配套系　父母代母鸽

雉鸡

① 申鸿七彩雉

一般情况

品种名称及类型

申鸿七彩雉（Shenhong pheasant），属培育品种，为肉蛋兼用型雉鸡。

品种分布

中心产区位于上海市奉贤区，分布区域覆盖国内 20 多个省（自治区、直辖市）。

培育过程

培育单位和参加培育单位

培育单位为上海欣灏珍禽育种有限公司、中国农业科学院特产研究所和上海市动物疫病预防控制中心，参加培育单位为上海市奉贤区动物疫病预防控制中心和上海农林职业技术学院。2019 年 4 月，申鸿七彩雉通过国家畜禽遗传资源委员会审定，品种证书编号：农 17 新品种证字第 11 号。

■ 育种素材和培育方法

2005 年，上海欣灏珍禽育种有限公司引进了美国七彩山鸡和中国山鸡。2006 年，以美国七彩山鸡为父本、中国山鸡为母本，开展杂交育种。2007—2009 年连续 3 个世代横交固定，根据外貌特征选留。2010 年组建 0 世代基础群，1～6 世代连续闭锁群继代选育。

■ 品种培育成功后消长形势

申鸿七彩雉是我国雉鸡行业第一个具有独立知识产权的国家审定品种。近年来保持群体数量和遗传特性稳定，年存栏 5 万多套申鸿七彩雉种雉鸡，每年销往全国的申鸿七彩雉鸡雏雉鸡 400 多万只。

■ 品种标准制定、地理标识产品、商标等情况

通过"山鸡优质配套系选育技术的研究""申红山鸡新品种培育"和"申鸿雉鸡品种繁育及健康养殖技术集成示范"等多个科研项目对申鸿七彩雉开展相关研究。

制定《山鸡养殖技术规范》《蛋用山鸡养殖技术规范》《肉用山鸡养殖技术规范》《山鸡孵化技术规程》和《申鸿七彩雉饲养标准》等标准和规范。

2020 年 11 月 21 日注册商标"申鸿雉业"。

体型外貌

■ 体型外貌特征

成年公雉鸡眼周和脸颊裸区鲜红，喙灰白色；头颈部羽毛墨绿带紫色光泽，部分有眉纹，眉纹白色；耳羽、耳羽簇蓝黑色。颈基部有白色颈环；背部靠颈环红褐色、有黑斑，腰荐部、翼绛红色，羽尖带白斑；胸部红褐色，有光泽；腹部棕黄色，两侧带黑斑；尾羽长，黄灰色；胫灰褐色，有短距；皮肤淡黄色。

成年母雉鸡喙青灰色；下颌部灰白色；头顶及颈部栗色，有光泽；背部、翼麻栗色；胸腹部浅黄色；尾羽长，麻栗色；胫灰褐色；皮肤淡黄色。

雏雉全身绒羽棕黄色，有三条黑色或棕色背线，中间一条从头至尾，眼周和脸颊浅黄色，胫粉红色。

体重和体尺

2022年，由上海市畜牧技术推广中心测定 38 周龄申鸿七彩雉体重和体尺，测定数量公、母雉鸡各 30 只，结果见表1。

表1 · 体重和体尺

项 目	公	母
体重（g）	1 419.0 ± 144.0	1 319.0 ± 180.0
体斜长（cm）	18.2 ± 0.9	16.8 ± 1.2
龙骨长（cm）	11.6 ± 0.5	9.7 ± 0.5
胸宽（cm）	7.2 ± 0.3	6.6 ± 0.3
胸深（cm）	11.6 ± 0.8	11.3 ± 0.7
胸角（°）	78.0 ± 2.9	77.6 ± 3.7
骨盆宽（cm）	7.1 ± 0.3	6.6 ± 0.3
胫长（cm）	8.2 ± 0.3	7.0 ± 0.8
胫围（cm）	3.3 ± 0.2	2.9 ± 0.2

生产性能

生长性能

2022年，申鸿七彩雉生长性能由上海欣灏珍禽育种有限公司测定。测定数量公、母雉鸡各 100 只，结果见表2。

表2 · 生长性能

周　　龄	公雏鸡（g）	母雏鸡（g）
0	21 ± 1	20 ± 1
2	66 ± 4	62 ± 3
4	187 ± 9	175 ± 7
6	378 ± 19	316 ± 15
8	510 ± 29	429 ± 20
10	753 ± 45	610 ± 26
12	970 ± 51	769 ± 33
14	1 218 ± 63	933 ± 38
16	1 277 ± 70	967 ± 44

▪ 屠宰性能和肉品质

2022 年，18 周龄申鸿七彩雉屠宰性能和肉品质由上海市畜牧技术推广中心测定，测定数量公、母雉鸡各 50 只，屠宰性能和肉品质测定结果见表 3 和表 4。

表3 · 屠宰性能

项　　目	公	母
宰前活重（g）	1 309 ± 90	983 ± 61
屠体重（g）	1 192 ± 81	897 ± 63
屠宰率（%）	91.03 ± 1.05	91.13 ± 1.61
半净膛率（%）	84.53 ± 1.45	84.72 ± 1.80
全净膛率（%）	74.21 ± 1.85	73.96 ± 1.88
胸肌率（%）	25.81 ± 2.16	25.39 ± 2.44
腿肌率（%）	21.62 ± 1.49	21.22 ± 1.99
腹脂率（%）	0.02 ± 0.11	0.27 ± 0.70

表4 · 肉品质

项　目		公	母
剪切力（N）		13.4 ± 4.5	15.3 ± 7.5
pH		5.4 ± 0.2	5.4 ± 0.3
肉色	a	9.8 ± 2.6	10.2 ± 2.3
	b	9.5 ± 2.6	12.0 ± 2.5
	L	55.5 ± 9.1	59.6 ± 7.6
水分（%）		70.8 ± 2.7	71.1 ± 1.5
蛋白质（%）		28.4 ± 2.1	28.1 ± 0.9
脂肪（%）		1.4 ± 1.2	1.4 ± 0.3

■ 蛋品质

2022年，由上海市畜牧技术推广中心测定40周龄申鸿七彩雉蛋品质，测定数量200个，结果见表5。

表5 · 蛋品质

项　目	指　标
蛋重（g）	30.30 ± 2.40
蛋形指数	1.25 ± 0.05
蛋壳颜色	橄榄色
蛋壳强度（kg/cm^2）	3.20 ± 0.70
蛋壳厚度（mm）	0.31 ± 0.03
蛋黄色泽（级）	6 ± 1
蛋白高度（mm）	5.56 ± 1.26
蛋黄重（g）	9.78 ± 1.04
蛋黄比率（%）	32.30 ± 2.69
血肉斑率（%）	1.50

■ 繁殖性能

申鸿七彩雉开产日龄 207.6 d ± 9.6 d，56 周龄入舍母雉鸡产蛋数（HH）127.2 个 ± 32.4 个，饲养日产蛋数（HD）132.9 个 ± 18.4 个，40 周龄平均蛋重 30.7 g ± 1.4 g，0 ~ 18 周龄成活率 92% ~ 93%，19 ~ 56 周龄成活率 90% ~ 91%，种蛋受精率 90% ~ 94%，受精蛋孵化率 86% ~ 90%。

饲养管理

申鸿七彩雉驯化程度高，适应性强，笼养、舍内平养和散养均适宜，只要饲养管理合理，均能表现出良好的生产性能。

饲养管理参照《山鸡养殖技术规范》《蛋用山鸡养殖技术规范》《肉用山鸡养殖技术规范》《山鸡孵化技术规程》和《申鸿七彩雉饲养标准》实施。

评价和利用

■ 资源评价

申鸿七彩雉遗传性能稳定，外貌体型一致，具有生长速度快、肉用性能好、产蛋多，抗病力强等特点，18 周龄上市体重公雉鸡达 1 350 g、母雉鸡达 1 000 g，56 周龄饲养日产蛋数 125 ~ 135 个。申鸿七彩雉具有先进的综合生产性能，符合市场需求，推广前景广阔。

■ 保护与研究利用

2020 年 12 月 14 日，申鸿七彩雉被列入《上海市畜禽遗传资源保护名录》。2021 年 9 月 29 日，上海欣灏珍禽育种有限公司被确定为上海市申鸿七彩雉保种场，对申鸿七彩雉制定了保种和利用计划，存栏保种群 5 000 只。公司重视生物安全，开展养殖场多个疫病净化，并取得了雉鸡行业首个国家动物疫病净化场，雉鸡场雉鸡健康状况良好。

李启军等利用 PCR 测序技术对我国家养雉鸡种群（中国环颈雉、白化雉鸡、日本绿雉、申鸿七彩雉和黑化雉鸡）主要组织相容性复合物（MHC）*B-F* 基因外显子 2 进行多态性检测和分析，探究我国家养雉鸡 MHC *B-F* 基因单核苷酸多态性（SNP），研究表明，中国环颈雉、白化雉鸡、日本绿雉和黑化雉鸡种群间的遗传距离较近，而新培育品种申鸿七彩雉与中国环颈雉、白化雉鸡、日本绿雉和黑化雉鸡种群间的遗传距离较远。

吴琼等选取中国环颈雉、蒙古雉鸡、绿雉鸡、申鸿七彩雉和黑化雉鸡进行肌肉品质测定分析，综合各项指标分析结果表明，申鸿七彩雉的肌肉品质较优。

现利用申鸿七彩雉作为育种素材，开展专门化品系的选育，为培育雉鸡配套系打下基础。

图片资料

申鸿七彩雉 公雉鸡

申鸿七彩雉 母雉鸡

② 美国七彩山鸡

一般情况

■ 品种名称及类型

美国七彩山鸡（American pheasant），也称七彩山鸡、美国山鸡。属引入品种，为肉用型雉鸡。

■ 原产国及在我国的分布情况

美国七彩山鸡原产地为美国的威斯康星、明尼苏达、伊利诺伊等州。

在国内，美国七彩山鸡主要分布于华南、华东、华北和西北大部分省（自治区、直辖市）。

20 世纪 90 年代，上海引进美国七彩山鸡后，主要分布在奉贤的泰日、青村、柘林、钱桥、新寺等镇，崇明、宝山、松江、南汇及浦东新区也有饲养。

品种形成与发展

■ 品种形成历史

美国早在 1881 年就从中国引进了华东环颈雉进行驯养，并通过与蒙古环颈雉杂交，经过 100 多年杂交选育培育成现在的家养雉鸡。美国七彩山鸡适应性较强，从平原到山区、从河流到峡谷、从海拔 300 m 的丘陵到 3 000 m 的高山均可生存。夏季能耐 30℃以上的高温，冬天不畏 –35℃的严寒。

■ 品种引进时间及引进单位

广东省最早从美国引进美国七彩山鸡种蛋。1986 年，从广州口岸少量引进，主要在江门市饲养；1987 年引进 5 100 个，1988 年引进 17 500 个，以后分散各地饲养。1988 年江西省、湖南省分别从广东引种饲养。

1987 年，原奉贤县钱桥镇沈洪章从华南农业大学购进美国七彩山鸡 2 公、5 母，1989 年扩群至 30 多只。1989 年，上海市农业科学院也引进饲养。

■ 引进数量及国内生产情况

我国在 1986 年底首次从美国内华达州引进繁育，在全国范围内进行了较大规模的推广普及，1992—1993 年雉鸡的人工饲养量达到高峰期，那时全国年生产商品雉鸡 600 多万只，2009 年全国美国七彩山鸡年上市量达 3 000 万～4 000 万只。

1992 年，上海地区饲养美国七彩山鸡数量约 40 万只，1993 年达 100 多万只，1990—1995 年向全国各地销售了大量的种蛋、种苗的商品肉用雉鸡。

体型外貌

■ 体型外貌特征

成年美国七彩山鸡公雉鸡头部羽毛呈青铜褐色，带有金属闪光。头顶两侧各有一束青铜色眉羽，两眼睑四周布满红色皮肤，两眼上方头顶两侧各有一白色美纹，虹膜呈红栗色。脸部皮肤呈红色，并有红色毛状肉柱突起，稀疏分布着细短的褐色羽毛。颈有白色羽毛形成的颈环，在胸部处不完全闭合，不闭合处为非白羽段。胸部羽毛呈铜红色，有金属闪光。背羽呈黄褐色，羽毛边缘带黑色斑纹。背腰两侧、两肩及翅膀羽毛呈黄褐色，羽毛中间带有蓝黑色。主翼羽 10 根，副翼羽 13 根，轴羽 1 根。尾羽黄褐色，并具黑横斑纹，主尾羽 4 对。喙呈浅灰色，质地坚硬。胫、趾呈暗灰色或红灰色，胫下段偏内侧有距。

成年母雉鸡头顶羽毛呈米黄色或褐色，具黑褐色斑纹。眼四周分布淡褐色睑毛，眼下方呈淡红色。虹膜呈红褐色，脸部呈淡红色。颈部为浅栗色羽毛，后颈羽基为栗色，羽缘黑色。胸羽呈沙黄色。翅羽呈暗褐色，有淡褐色横斑，上部褐色或棕褐色，下部沙黄色。主翼羽 10 根，副翼羽 13 根，轴羽 1 根。尾羽呈黄褐色，有黑色横纹斑。喙呈暗灰色，胫、趾呈灰色。

刚出生的雏雉鸡公母外貌特征无区分，全身覆盖绒羽，呈棕黄色，从头至尾有一条 0.5 ~ 1.0 cm 宽的黑色或棕色背线，肋、腰的两侧各有一条黑色或棕色侧线，宽 0.5 cm。头顶呈黑色或棕色，两侧有棕黄色条纹。喙黑褐色，眼周和脸颊的裸区白色，脚粉白色。

■ 体重和体尺

2022 年，由上海市畜牧技术推广中心测定 38 周龄美国七彩山鸡体重和体尺，测定数量公、母雉鸡各 30 只，结果见表 1。

表1 · 体重和体尺

项 目	公	母
体重（g）	1 494 ± 181	1 334 ± 126
体斜长（cm）	19.2 ± 0.6	17.3 ± 0.6
龙骨长（cm）	11.6 ± 0.6	9.8 ± 0.4
胸宽（cm）	7.1 ± 0.4	6.6 ± 0.4
胸深（cm）	11.8 ± 0.6	10.8 ± 0.7
胸角（°）	74.2 ± 4.0	73.3 ± 2.8
骨盆宽（cm）	6.7 ± 0.3	6.3 ± 0.4
胫长（cm）	8.1 ± 0.3	7.3 ± 0.3
胫围（cm）	3.5 ± 0.2	3.1 ± 0.1

生产性能

生长性能

2022 年，美国七彩山鸡生长性能由上海欣灏珍禽育种有限公司测定，测定数量公、母各 100 只，结果见表 2。

表2 · 生长性能

周 龄	公（g）	母（g）
0	22 ± 1	22 ± 1
2	70 ± 4	66 ± 4
4	199 ± 10	184 ± 7
6	374 ± 19	306 ± 16
8	611 ± 29	505 ± 22
10	844 ± 54	705 ± 26
12	1 072 ± 46	800 ± 33

（续表）

周　龄	公（g）	母（g）
14	1 167 ± 65	907 ± 38
16	1 286 ± 59	930 ± 38

■ 屠宰性能

2022 年，由上海市畜牧技术推广中心测定 18 周龄美国七彩山鸡屠宰性能和肉品质，测定数量公、母雉鸡各 50 只，屠宰性能和肉品质测定结果见表 3 和表 4。

表3 · 屠宰性能

项　目	公	母
宰前活重（g）	1 363.00 ± 47.00	1 008.70 ± 48.90
屠体重（g）	1 240.00 ± 50.00	920.00 ± 50.00
屠宰率（%）	90.95 ± 1.53	91.18 ± 1.53
半净膛率（%）	84.55 ± 1.45	84.87 ± 1.72
全净膛率（%）	75.29 ± 1.46	74.19 ± 1.73
胸肌率（%）	23.72 ± 1.71	22.11 ± 1.86
腿肌率（%）	18.05 ± 1.29	18.24 ± 1.43
腹脂率（%）	0.13 ± 0.40	0.16 ± 0.38

表4 · 肉品质

项　目		公	母
剪切力（N）		13.07 ± 7.10	15.74 ± 9.96
pH		5.33 ± 0.19	5.30 ± 0.16
肉色	a	8.87 ± 2.17	8.99 ± 2.66
	b	8.23 ± 2.39	9.89 ± 2.72
	L	53.76 ± 6.38	56.22 ± 8.66

蛋品质

2022年，由上海市畜牧技术推广中心测定40周龄蛋品质，测定指标包括蛋重、蛋形指数、蛋壳强度、蛋壳厚度、蛋黄色泽、蛋白高度、蛋黄重和血肉斑率等。测定数量100个，蛋品质见表5。

表5·蛋品质

项目	指标
蛋重（g）	30.95 ± 2.33
蛋形指数	1.23 ± 0.04
蛋壳颜色	橄榄色
蛋壳强度（kg/cm²）	3.65 ± 0.77
蛋壳厚度（mm）	0.30 ± 0.03
蛋黄色泽（级）	7.31 ± 0.58
蛋白高度（mm）	6.11 ± 1.25
蛋黄重（g）	10.19 ± 0.97
蛋黄比率（%）	32.95 ± 2.27
血肉斑率（%）	4.60

繁殖性能

美国七彩山鸡开产日龄212 d，56周龄饲养日产蛋数119个，育雏期成活率97.3%，育成期成活率94.8%，种蛋受精率91.9%，受精蛋孵化率89.9%。

评价和利用

美国七彩山鸡体型大、生长快、成熟早、产蛋率高、抗病力强、适应性广。其肉质鲜嫩、营养丰富，清香可口，风味独特，深受海内外消费者的推崇，是一种经济价值较高的肉用型雉鸡品种。由于易饲养、效益高，自20世纪80年代引进后，在我国各地推广饲养。利用美国七彩山鸡改良国内驯养品种也收到了良好的效果。今后应健全美国七彩山鸡良种繁育体系，继续选育提高，以便更好地开发利用。

图片资料

美国七彩山鸡 公雉鸡

美国七彩山鸡 母雉鸡

梅花鹿

双阳梅花鹿

一般情况

■ 品种名称及类型

双阳梅花鹿（Shuangyang Sika deer）属培育品种，为茸用型鹿。

■ 原产地、中心产区及分布

双阳梅花鹿原产于吉林省长春市，主要分布于长春市双阳区，现已引种到全国各地。上海地区目前主要分布在崇明区东平国家森林公园。

品种形成与发展

■ 品种形成及历史

吉林省双阳县（现长春市双阳区）在清代道光年间已开始养鹿，新中国成立时有鹿 500 余只。1949 年在陈家屯建立了双阳县第一鹿场，在此基础上 1953 年建立了双阳国营第一鹿场。之后，又相继建立了国营第二、第三、第四、第五鹿场、良种场鹿场和种畜场鹿场 7 个国营鹿场。这些鹿场为双阳梅花鹿的培育提供了种质资源。双阳梅花鹿是以双阳型梅花鹿为基础，采用大群闭锁繁育方法。经过组建基础群（1962—1965 年）、粗选扩繁（1966—1977 年）和精选提高（1978—1985 年）3 个阶段培育而成的第一个茸用梅花鹿品种。1986 年通过农垦部组织的技术鉴定。

崇明区东平森林公司 1995 年开始引进少量梅花鹿用作游客观赏之用。

■ 群体数量及变化

东平森林公园现存栏梅花鹿 10 头，其中公鹿 4 头、母鹿 6 头。

体型外貌

■ 体型外貌特征

双阳梅花鹿经长期圈养和多年人工选育，在形态结构、生理功能、生长发育等方面，均表现出较多的培育型特征。

体型结构：公、母鹿体貌特征相似，体型大小中等。身躯胸部宽深、腹围较大，背线较浅，全身结构紧凑、丰满，腰背部平直，肌肉结实。

头部特征：公鹿头部呈楔形，头额宽平，颈部粗壮、长短适中，鼻梁平直，眼大有神，耳朵大小适中、直立灵活，公鹿有鹿角，呈树枝状向上向外伸展。母鹿头面清秀，耳较大且直立灵活，眼大，鼻梁平直，无角。

毛色、角色：毛色较深，呈棕黄色或者棕红色，夏季毛稀短，梅花斑点大而稀疏、毛色白，腹部下和四肢内侧毛较长，呈浅黄色；冬季毛密而长，梅花斑点隐约可见。公鹿茸皮呈红褐色，鹿角主干粗、角柄距离窄。

四肢、尾部：梅花鹿四肢略短，四肢强健直立，关节灵活。尾巴较短，尾部臀边缘有黑色毛圈，中间为白色被毛。

体尺和体重

双阳梅花鹿的头长指数、体长指数及胸围指数较大，体高指数较小，肢长指数居中。初生公鹿和母鹿的体重在 5.1 ~ 6.4 kg，成年公鹿体高 101 ~ 111 cm，体斜长 113 ~ 119 cm，平均体重 134 ~ 141 kg；成年母鹿体高 88 ~ 94 cm，体斜长 101 ~ 107 cm，平均体重 72 ~ 83 kg。

生产性能

产茸性能

双阳梅花鹿具有鹿茸优质高产的性状，其特点是：鹿茸枝头肥大、质地松嫩、茸型完美、色泽鲜艳、含血量足、有效成分含量高。根据长春市地方标准，双阳梅花鹿的产茸性能见表 1。

表 1 · 产茸性能

性能指标	参　　数
二杠干茸平均单产（g）	800 ~ 1 650
头茬茸优质率（%）	70 ~ 80
畸形茸率（%）	10 ~ 15
头茬茸鲜干比	2.7 ~ 3.0
二杠茸主干长（cm）	30 ~ 40
三杈茸主干长（cm）	45 ~ 50

繁殖性能

根据长春市地方标准，双阳梅花鹿的繁殖性能见表 2。

表2·繁殖性能

性能指标	参 数	
	公	母
性成熟时间（月龄）	16～18	16～18
初配时间（月龄）	36	28
配种期（月份）	9—11	
产仔期（月份）	—	5—7
发情周期（d）	—	7～12
利用年限（年）	10～12	10～12
妊娠期（d）	—	229～241
受胎率（%）	—	89～91
产仔率（%）	—	80～89
仔鹿成活率（%）	—	70～85

■ 屠宰性能

根据长春市地方标准，双阳梅花鹿的屠宰性能见表3。

表3·屠宰性能

指 标	公	母
屠宰重（kg）	130～140	65～75
屠宰率（%）	55～65	51～54
净肉重（kg）	65～75	25～35
净肉率（%）	50～55	38～43

饲养管理

双阳梅花鹿属于本地区引入品种，其适应性较强。饲养过程中，需要足够的鹿舍空间和运动场地，鹿舍做到能避雨、冬暖夏凉，夏季能通风、冬季能保暖，棚舍养殖环境干燥卫生。养殖过程中要备足草料，主要包括干草、玉米秸秆、青草等粗料，玉米、豆粕等精料。

加强对妊娠母鹿的饲养管理，防止流产、早产和死胎。母鹿产羔后需根据体况适当补充精料和微量元素及盐等。

定期清理鹿舍内外环境，本地区梅花鹿属于观赏性为主，要做好清洗和卫生消毒工作，每天仔细观察鹿群活动及采食状况，发现异常或生病立即隔离饲养和观察治疗。

评价和利用

双阳梅花鹿是在吉林梅花鹿双阳（类）型基础上培育的第一个梅花鹿新品种，具有茸产量高、经济早熟、遗传性能稳定、适应性强等特点，引种到华北、华中、华南、海南及东南沿海地区均能正常生活和繁殖，具有较高的种用价值和经济价值。本地区拟需加强利用和保护相结合，除观赏性外，在条件允许的情况下，适当开展其药用价值、肉用价值开发研究。

图片资料

双阳梅花鹿 公鹿

双阳梅花鹿 母鹿

蜂

① 华南中蜂

一般情况

▪ 品种名称及类型

华南中蜂（Southern China Chinese bee）是中华蜜蜂的一个类型，属地方品种，也是我国本土特有的优良蜜蜂品种之一。

▪ 原产地、中心产区及分布

原产于中国，中心产区在华南，主要分布于广东、广西、福建、浙江、台湾等地，在安徽南部、云南东部等山区也有分布。上海主要分布在闵行区、青浦区等。

品种形成与发展

▪ 品种形成及历史

华南中蜂是其分布区内的自然蜂种，是在华南地区生态条件下经长期自然选择而形成的中华蜜蜂的一个类型。

900 多年前宋代大文豪苏轼被贬到广东惠州时，看了养蜂人用艾草烟熏驱赶收捕分蜂群的情景后，写下了《收蜜蜂》一诗。当时，养蜂者用竹笼、树筒和木桶等传统饲养方法饲养蜜蜂，产量很低，蜂群处于自生自灭状态。直到 20 世纪初西方蜜蜂引进前，华南中蜂一直是分布区内饲养的主要蜂种。20 世纪中叶，广东省开始将活框饲养技术应用于当地自然蜂种的饲养，养蜂业得到迅猛发展。

■ 群体数量及变化

广东、广西、福建是华南中蜂中心分布地，饲养量较大。据 2006 年统计，华南中蜂饲养量广东有 43 万群，加上浙江、安徽等分布区的饲养量，共有约 70 万群。在采用活框饲养技术后，蜂群数量曾迅速增加，但到了 20 世纪末，除广东省的数量有所增长外，其他各省的数量都在逐渐减少。

体型外貌

■ 体型外貌特征

华南中蜂体型一般比北方中蜂要小。蜂王基本呈黑灰色，腹节有灰黄色环带。雄蜂黑色，工蜂黄黑相间。

■ 体重和体尺

平均喙长约 5 mm，平均前翅长约 8.3 mm，前翅宽约 2.9 mm，第 3 和第 4 腹节背板总长 4 mm，肘脉指数 3.58。

生产性能

■ 繁殖性能

华南中蜂育虫节律较陡，受气候、蜜源等外界条件影响较明显。春季繁殖较快，夏季繁殖缓慢，秋季有些地方停止产卵，冬季繁殖中等。繁殖高峰期平均日产卵量为 500 ~ 700 粒。维持群势能力较弱，一般群势为 3 ~ 4 框蜂，最大群势达 8 框蜂左右。分蜂性较强，通常一年分蜂 2 ~ 3 次。分蜂时，群势多为 3 ~ 5 框蜂，有的群势 2 框蜂即进行分蜂。

产蜜性能

华南中蜂的产品只有蜂蜜和少量蜂蜡。年均群产蜜量因饲养方式不同而差异很大，定地饲养年均群产蜂蜜 10 ~ 18 kg，转地饲养年均群产蜂蜜 15 ~ 30 kg，可生产少量蜂蜡（年均群产不足 0.5 kg）。其生产的蜂蜜浓度较成熟，蜂蜜含水量 23% ~ 27%，淀粉酶值 2 ~ 6，颜色较浅，味道香醇。

饲养管理

华南中蜂对山区的适应性很强。在中心分布区的放养方式有两种：75% ~ 80% 的蜂群为定地结合小转地饲养，20% ~ 25% 的蜂群为定地饲养。大多数蜂群采用活框饲养，少数蜂群采用传统方式饲养。

华南中蜂温顺性中等，受外界刺激时反应较强烈，易螫人。盗性较强，食物缺乏时易发生互盗。防卫性能中等，易飞逃。

易感染中蜂囊状幼虫病，病害流行时发病率高达 85% 以上。主要采取消毒、选育抗病蜂种、幽闭蜂王迫使其停止产卵而断子等措施进行防治。

评价和利用

春繁快，适应上海梅雨季节蜜粉源。趋光性一般，可开发用于草莓授粉蜜蜂。野性足，易逃飞，在上海饲养量呈下降趋势。

图片资料

华南中蜂 蜂王

华南中蜂 雄蜂

华南中蜂 工蜂

② 意大利蜂

一般情况

▪ 品种名称及类型

意大利蜂（Italian bee），简称意蜂，属引入品种，是蜂蜜、王浆兼产型蜂种。

▪ 原产地、中心产区及分布

原产于意大利的亚平宁半岛。意大利蜂在中国养蜂生产中起着十分重要的作用，广泛饲养于长江下游、华北、西北和东北的大部分地区。

品种形成与发展

▪ 品种形成及历史

我国的意大利蜂 1912 年首次由美国引入，后多次从美国和日本引种。以后各地纷纷引进和饲养意大利蜂，仅 1928—1932 年的 5 年中，我国就从日本进口了约 30 万群意大利蜂，其中华北地区 1930 年就引进了 11 万群。由于多数蜂场设在城市，蜜源不足，加之由日本引进的意大利蜂患有严重的美洲幼虫腐臭病，使华北养蜂业乃至全国养蜂业遭受巨大损失。截至 1949 年，全国饲养的蜂群总数约 50 万群，其中 10 万群为意大利蜂。

1974 年农林部和外贸部由意大利引入意大利蜂王 560 只，分配给全国 27 个省（自治区和直辖市）。为保存、繁育和推广应用这些意大利蜂，20 世纪 70 年代中期，很多地方相继成立了蜜蜂原种场或种蜂场。80 年代以后，我国又多次少量引入意大利蜂王。上海市的意大利蜂均从周边省份的种蜂场引进。

体型外貌

体型外貌特征

意大利蜂属黄色蜂种，个体比欧洲黑蜂略小。蜂王体呈黄色，第 6 腹节背板通常为棕褐色；少数蜂王第 6 腹节背板为黑色，第 5 腹节背板后缘有黑色环带。雄蜂腹节背板为黄色，具黑斑或黑色环带，绒毛淡黄色。工蜂体呈黄色，第 4 腹节背板后缘通常具黑色环带，第 5~6 腹节背板为黑色。

体重和体尺

工蜂的喙较长，平均为 6.5 mm；腹部第 4 节背板上绒毛带宽度中等，平均为 0.9 mm；腹部第 5 节背板上覆毛短，其长度平均为 0.3 mm；肘脉指数中等，平均为 2.3。

生产性能

繁殖性能

意大利蜂产育力强，卵圈集中，子脾密实度达 90% 以上。育虫节率平缓，早春蜂王开始产卵后，其产卵量受气候、蜜源等自然条件的影响不大，即使在炎热的盛夏和气温较低的晚秋，也能保持较大面积的育虫区。分蜂性弱，易养成强群，能维持 9~11 张子脾、13~15 框蜂量的群势。

产蜜性能

对大宗蜜源的采集力强，但对零星蜜粉源的利用能力较差；对花粉的采集量大。在夏、秋两季，往往采集较多的树胶。泌蜡造脾能力强。分泌王浆的能力强于其他任何品种的蜜蜂。饲料消耗量大，在蜜源贫乏时，容易出现食物短缺现象。本市采用意蜂标准蜂箱定点饲养，蜜蜂春季采蜜，非采蜜期喂食白糖水，主要蜜源植物为油菜花、槐花等，产蜜量为每群、每年约 60 kg。

饲养管理

　　意大利蜂适合中国大部分地区的气候和蜜源条件特点，便于饲养管理。性情温顺，不怕光，开箱检查时很安静。意大利蜂定向力很弱，在同时饲养许多蜂群的情况下，外勤蜂经常迷巢、错投。盗性强。清巢能力强。越冬饲料消耗量大，在纬度较高的严寒地区越冬较困难。抗病力弱，对蜂螨的抵抗力弱。常见的疾病有美洲幼虫腐臭病、欧洲幼虫腐臭病、麻痹病、孢子虫病、壁虱病、白垩病等。

资源评价

　　意大利蜂在我国广泛养殖，性情温顺，饲养管理方便。意大利蜂既可用于蜂蜜、王浆、蜂胶、花粉、蜂蜡和蜂毒等蜂产品的生产，又可用于为作物、果树、蔬菜等授粉。

图片资料

意大利蜂 蜂王　　　　　　意大利蜂 雄蜂　　　　　　意大利蜂 工蜂

③ 熊蜂

一般情况

▪ 品种名称及类型

熊蜂（Bumble bee），俗名丸花蜂，属膜翅目、蜜蜂总科、蜜蜂科、蜜蜂亚科、熊蜂属。该属昆虫统称熊蜂，是一种重要的授粉昆虫，全世界已知有300余种。地熊蜂（Bombus terrestris）是熊蜂的一种，又称短舌熊蜂或欧洲熊蜂。

▪ 原产地、中心产区及分布

地熊蜂原产于欧洲大陆，向东可达高加索和乌拉尔山脉，向南可达非洲北部，包括西欧、中欧、南欧和部分东欧地区。中心产区在英国、法国、德国、荷兰和比利时等国家。据报道，我国新疆地区也有地熊蜂的分布。

2019年12月以来，中国农业科学院蜜蜂研究所传粉昆虫繁殖与授粉应用团队为位于青浦区的上海索胜生物科技有限公司（中国农业科学院蜜蜂研究所上海授粉蜂繁育研究与实践基地）提供地熊蜂蜂王共计300只、地熊蜂蜂群200群。

品种形成与发展

▪ 品种形成及历史

1987年，比利时的罗兰德博士（Roland De Jonghe）发现了地熊蜂，并成功将其驯化用于温室番茄的授粉。这一发现和应用在温室番茄授粉领域引发了一场革命。罗兰德博士创建了全球第一个专门生产熊蜂用于温室蔬菜授粉的公司，标志着熊蜂商业化应用的开始，对全球温室农业产生了深远影响。

熊蜂授粉可以显著降低设施作物的生产成本、提高作物产量和品质，还能减少激素和农药残留、降低环境污染、保障食品安全，消费者和生态环境也因此受益。

全世界每年有 200 万群以上的熊蜂为农作物传粉,蜂群直接收入超过 3.5 亿元。在欧洲,熊蜂授粉的农产品年产值超过 900 亿元。在欧洲和北美洲,绝大多数国家都应用熊蜂授粉技术;在亚洲,韩国、日本等国家也都使用熊蜂授粉技术。

我国是设施农业大国,种植面积和产量位居世界前列,设施果蔬的面积超过 200 万 hm²,对熊蜂需求量巨大。我国的熊蜂繁育和授粉技术应用起步较晚,缺乏生物学理论支撑,人工繁育技术落后。1998 年,在中国农业科学院养蜂所(现中国农业科学院蜜蜂研究所)的倡导下,联合上海浦东新区孙桥农业开发区首次从荷兰引进地熊蜂。此举开启了我国对熊蜂工厂化繁育、生物学和授粉的研究,从而促进了熊蜂在我国设施农业中的应用和推广。

体型外貌

▪ 体型外貌特征

蜂王及工蜂体色特征为:头部黑色。胸部前端小部分橘黄色,其余大部分为黑色。腹部从前向后,毛色依次为黑色、橘黄色、黑色、灰白色。雄性体色特征与雌性相似。

▪ 体重和体尺

蜂王平均体长 22 mm,平均体重 0.73 g;工蜂平均体长 14 mm,平均体重 0.21 g。

生产性能

▪ 繁殖性能

当地熊蜂蜂王开始产卵后,第一批产卵数一般为 4~11 粒,20~25 d 后首批工蜂出房。在正常情况下,首批工蜂出房后 35~45 d,熊蜂群可达到授粉所需群势,即 80 只以上工蜂。3 个月后,地熊蜂群势可达工蜂 300~500 只,这时会出现竞争点,蜂群开始培育蜂王和雄性蜂,每群出新蜂王数量平均为 115 只,每群出雄性蜂数量平均为 450 只。

授粉性能

（1）访花率高：熊蜂访花约 15 朵 /min，周身密被绒毛，熊蜂身上的绒毛一次可以携带花粉数百万粒。

（2）访花及时：熊蜂在温度 8℃以上即可出巢访花。熊蜂可在作物花期最佳授粉时间、花粉活力较强时进行授粉，柱头授粉均匀，可大幅度增加果蔬的产量。

（3）熊蜂不挑食、适应能力强：熊蜂对食物不挑剔，是番茄等声振农作物的授粉高手。熊蜂能够使植物及时、更好地实现异花授粉，对于丰富其遗传物质基础、提高其抗逆性和适应能力具有不可替代的作用。熊蜂可实现作物自然授粉，避免使用激素，实现真正的无公害。熊蜂在阴天也会出巢访花，能够适应棚内封闭环境的访花工作。

饲养管理

室内饲养管理

地熊蜂是目前世界上开发最成功的熊蜂种，也是国内外主要熊蜂授粉公司的当家品种。当获得蜂王后，将蜂王置入饲养箱，箱内配置好饲料，然后将饲养箱放入熊蜂饲养室，调节好温度和湿度，就可以开始熊蜂的人工饲养了。具体要点如下：

（1）温度和湿度管理：一般饲养室的温度控制在 25 ~ 29℃，相对湿度控制在50% ~ 60%。

（2）饲料配置：在饲养之初，应给蜂王提供较好的花粉及糖液。

地熊蜂的饲养环境，尤其是饲养室的温度、湿度等环境因子，是影响蜂群发展的关键因素。因此，饲养室应尽量保持恒温、恒湿、黑暗、安静。在进行饲喂、清洁卫生等工作时，动作要轻稳，避免惊动蜂群。

大棚授粉饲养管理

（1）温室的通风口用防虫网罩上，避免地熊蜂飞出而减少授粉蜂数。

（2）将蜂群放置于温室中间的过道旁，巢门向南。

（3）将蜂箱垫高平放，离地 40 cm 左右。

（4）蜂群放置半小时后，打开巢门，每箱地熊蜂可以为 667 m² 温室作物授粉。

（5）喷洒农药时，于前一天晚上关闭巢门，将地熊蜂移出温室。在农药安全期后，再将地熊蜂移入相同位置。

（6）温室内勿放有毒有害物质（如农药瓶、袋等）。

（7）在专业人员的指导下可打开蜂箱查看蜂群。

（8）从蜂箱侧边观察糖水情况，如糖水快要耗尽，应及时添加，确保蜂群有足够的糖水供给。

（9）一般蜂群寿命为 45 d，如观察到熊蜂进出巢数量较少，应及时更换新蜂群。

评价和利用

地熊蜂群势较小，但更耐低温。其形态特点：个体大、绒毛多，携带花粉量大；阴雨天仍会出巢访花，日工作时间长；熊蜂声波频率 400 Hz，便于花粉释放；信息交流不发达，趋光性差，因此不会撞击棚壁；对食物偏好性差，能够适应番茄花粉的特殊气味。该品种因具有传粉性能好、耐粗饲、寿命长等特点而被推广应用于世界各地。在本市青浦区有专业公司进行熊蜂的人工周年繁育，确保地熊蜂在不同季节都能用于农作物的授粉，对于农作物提质增效和维持生态系统平衡具有重要作用。

图片资料

地熊蜂 蜂王

地熊蜂 雄蜂

地熊蜂 工蜂

参考文献

［1］《上海市畜禽品种志》编审委员会.上海市畜禽品种志［M］.上海：上海科学技术出版社,1988.

［2］ 王铭农.试论上海地区历史上的畜牧业［J］.古今农业,1995（4）：33-39.

［3］ 国家畜禽遗传资源委员会.中国畜禽遗传资源志·猪志［M］.北京：中国农业出版社,2011.

［4］ 成建忠.崇明白山羊［M］.上海：上海科学技术出版社,2017.

［5］ 丁鼎立,方永飞.湖羊产业化技术指南［M］.上海：上海科学技术出版社,2010.

［6］ 上海市嘉定区梅山猪育种中心,上海市嘉定区畜牧兽医学会.中国梅山猪［M］.上海：上海科学技术出版社,2014：15-50.

［7］ 唐赛涌,王劲,陆林根.上海地区梅山猪的历史发展与保种现状［C］.中国地方猪种保护与利用第十届年会论文集,2013：69-71.

［8］ 孙浩.梅山猪保种群遗传多样性及其选择信号研究［D］.上海交通大学硕士学位论文,2017.

［9］ 沈富林,陆雪林.上海四大名猪［M］.上海：上海科学技术出版社,2019.

［10］ 高硕,李平华,许世勇,等.不同月龄沙乌头公、母猪体尺性能测定与分析［J］.国外畜牧学-猪与禽,2014,34（7）：67-70.

［11］ 彭海英,管生.优良地方猪种沙乌头猪简介［J］.养殖与饲料,2007（3）：11.

［12］ 宋利兵,张新生.四品种商品猪杂交育肥试验报告［R］.崇明县农委课题项目,1999.

［13］ 涂尾龙,郭占立,吴华莉,等.沙乌头猪二元杂交试验研究［J］.国外畜牧学-猪与禽,2015,35（12）：46-47.

［14］ 夏圣荣,杨昆仑,宋成义,等.沙乌头猪种质资源测定［J］.猪业科学,2017,34（1）：128-130.

［15］ 张念文,宋锦昌,朱新春,等.沙乌头猪配合力测定［J］.畜牧与兽医,1989（5）：203-205.

［16］ 周念祖,黄贤,沈末昌.沙乌头猪在选育与保种工作中所遇到问题及对策［J］.上海畜牧兽医通讯,1997（4）：32.

［17］ 薛云,陆雪林,吴昊旻,等.沙乌头猪二元杂种猪不同体重阶段生长性能研究与料重比相关性分析［J］.养猪,2020（5）：52-56.

［18］ 刘宇慧.枫泾猪保种选育性能近况［J］.上海畜牧兽医通讯,2020（1）：50-52.

［19］ 张似青.枫泾猪群体繁殖性能现状分析［J］.上海畜牧兽医通讯,2009（3）：12-13.

［20］《中国猪品种志》编写组.中国猪品种志［M］.上海：上海科学技术出版社,1986：131-136.

［21］朱耀庭,夏定远.上海白猪(农系)多远杂交提高瘦肉率的探讨［J］.中国畜牧杂志,1984(2)：33-34.

［22］盛中华,张哲,肖倩,等.上海白猪(上系)遗传多样性和群体结构分析［J］.农业生物技术学报,2016,24(9)：1293-1301.

［23］国家畜禽遗传资源委员会.中国畜禽遗传资源志·牛志［M］.北京：中国农业出版社,2011.

［24］闫青霞,张胜利.中国引进荷斯坦牛遗传物质改良效果分析［J］.中国奶牛,2018(4)：28-32.

［25］于永生.荷斯坦牛［J］.当代畜牧,2005(1)：51.

［26］范强.北美奶牛育种指数变化对中国荷斯坦牛选育工作的启示［J］.中国奶牛,2018(6)：4.

［27］王福兆.我国荷兰牛的引进与利用［J］.中国奶牛,2003(2)：35-38.

［28］Wilcox C W, Becker R B. Dairy Cattle Breeds, Origin and Development［J］. BioScience, 1974, 24(1)：1865-1872.

［29］李胜利,姚琨,曹志军,等.2021年奶牛产业技术发展报告［J］.中国畜牧杂志,2022,58(3)：239-244.

［30］李姣,刘光磊,赵晓铎,等.国家奶牛核心育种场建设现状及建议［J］.中国奶牛,2020(3)：24-26.

［31］张苏.中国近代奶牛传入与引进的研究进展［J］.中国农学通报,2013,29(5)：1-4.

［32］唐臻钦,顾燕愉.中国黑白花奶牛引种改良的遗传分析［J］.中国畜牧杂志,1992(3)：11-13.

［33］张胜利,孙东晓.奶牛种业的昨天、今天和明天［J］.中国乳业,2021,234(6)：3-10.

［34］赵天奇,马瑶瑶,梁艳,等.优质抗逆奶牛品种娟姗牛的本土化创新应用研究［J］.中国畜牧杂志,2023,59(5)：324-328.

［35］Huson H J, Sonstegard T S, Godfrey J, et al. A Genetic Investigation of Island Jersey Cattle, the Foundation of the Jersey Breed: Comparing Population Structure and Selection to Guernsey, Holstein, and United States Jersey Cattle［J］. Frontiers in genetics, 2020, 11: 366.

［36］梁金逢,文信旺,肖正中,等.娟姗牛产奶量性状RAPD标记的研究与生物学分析［J］.当代畜牧,2018,416(12)：63-65.

［37］焦曼.英国优良奶牛品种——娟姗牛［J］.农村百事通,2018(18)：1.

［38］汪翔.娟姗牛——一个对荷斯坦牛提出挑战的奶牛品种［J］.中国畜禽种业,2005(10)：25-27.

［39］张明军,郝海生,朱化彬,等.娟姗牛——我国奶业生产重要的品种遗传资源［J］.中国奶牛,2008,151(1)：11-14.

［40］杨秉玺,刘鑫,李进珍,等.南德温肉牛冻精应用效果调查［J］.中国牛业科学,2011,37(2)：46-47.

［41］于孟虎,陈付学,马利军.南德温牛的种用特性研究［J］.黄牛杂志,2004(3)：15-17.

［42］万江虹,谢礼裕,钟法甥,等.南德文牛改良雷州黄牛的效果分析［J］.畜牧与兽医,2002(1)：17.

［43］刘琳.畜牧业技术推广项目系列报道之七　农业部重点推广的畜牧业技术项目简介［J］.中国牧业通讯,

2002（12）：56.

［44］谭世清.怀诚挚之心 创美好未来——记上海金晖家畜遗传开发有限公司［J］.经济世界，2001（1）：62-63.

［45］C. M. Ann Baker. The Origin of South Devon Cattle［J］. The Agricultural History Review, 1984, 32（2）：145-158.

［46］张博，肖鹏，周金陈，等.中国水牛种质资源质量提升：机遇与挑战［J］.中国畜禽种业，2022，18（10）：17-22.

［47］贾佳.上海水牛在城市变迁中"重回"人们视线［N］.东方城乡报，2022-07-12（A02）.

［48］汪俊跃，范文华，戴建军，等.上海水牛的保种冻精技术［J］.上海畜牧兽医通讯，2020，228（2）：30-31.

［49］崔保威，王复龙，崔昱清，等.我国水牛产业现状简析［J］.肉类研究，2013，27（11）：37-40.

［50］杨炳壮，刘应德.介绍四个役肉兼用的地方水牛良种［J］.农村百事通，2009（24）：42-43.

［51］上海畜牧志编委会.上海市专志系列丛书·上海畜牧志［M］.上海：上海市畜牧办公室，2001.

［52］邱怀.世界水牛业［J］.国外畜牧学（草食家畜），1990（1）：1-4.

［53］国家畜禽遗传资源委员会.中国畜禽遗传资源志·羊志［M］.北京：中国农业出版社，2011.

［54］赵有璋.羊生产学［M］.2版.北京：中国农业出版社，2005.

［55］冯维棋，马月辉，傅宝玲.我国著名的多胎绵羊品种［J］.生物学通报，1995，6（30）：9-10.

［56］权凯.肉羊良种利用与繁殖技术［M］.北京：中国科学技术出版社，2018：19-20.

［57］汪本学，张海天.浙江农业文化遗产调查研究［M］.上海：上海交通大学出版社，2018：276.

［58］王伟.湖羊种质资源的保护及开发利用［D］.苏州大学硕士论文，2007.

［59］方绪光，欧阳构堂.湘东黑山羊品种资源考察初报［J］.畜牧与兽医，1987.

［60］赖景涛，李学德，杨晓燕.广西努比亚黑山羊选种方法与建议［J］.中国畜禽种业，2021（3）：98-99.

［61］曹艳红，宣泽义，陈宝剑.隆林山羊与努比亚山羊杂交对后代生产性能和肉品质影响的研究［J］.中国畜牧兽医，2020，47（7）：2133-2141.

［62］夏文华.努比亚山羊［J］.农村百事通，2015（2）：43.

［63］DB53/T 1052.1—2021，云上黑山羊养殖规范［S］.

［64］《中国家畜家禽品种志》编委会，《中国家禽品种志》编写组.中国家禽品种志［M］.上海：上海科学技术出版社，1989：32-34.

［65］国家畜禽遗传资源委员会.中国畜禽遗传资源志·家禽志［M］.北京：中国农业出版社，2011.

［66］李凯航，赵乐乐，陆雪林，等.基于SNP芯片的浦东鸡保种分析［J］.中国家禽，2020，42（6）：31-36.

［67］陈益填.肉鸽养殖新技术［M］.北京：金盾出版社，2012：26-27.

［68］李启军,宁浩然,宋超,等.我国家养雉鸡MHC B-F基因外显子2 SNP检测与分析［J］.黑龙江畜牧兽医,2019(15):147-150.

［69］吴琼,袁红艳,孙艳发,等.雉鸡肌肉品质性状测定与分析［J］.中国家禽,2020,42(1):108-111.

［70］国家畜禽遗传资源委员会.中国畜禽遗传资源志·特种畜禽志［M］.北京:中国农业出版社,2012.

［71］全国畜牧总站.全国畜禽遗传资源普查百问百答［M］.北京:中国农业出版社,2022.

［72］国家畜禽遗传资源委员会.中国畜禽遗传资源志·蜜蜂志［M］.北京:中国农业出版社,2021.